태교시리즈 2

함께읽는 신혼태교

태교시리즈 2

함께읽는 신혼태교

임동근 지음

머리말

지난번에 미혼 태교를 낸 후 예상외의 독자층이 있음을 알았고, 그 내용을 보완하려는 의무감으로 이 책을 낸다.

우리 생활 주변을 돌아보면 중요한 일이 산재해 있다. 그러나 결혼이나 임신을 앞둔 남녀의 입장에서 보면 훌륭한 임신보다 더 귀중한 일은 없다. 꼭 해야 할 것, 잘못하거나 소홀히 할 수 없는 것이 가임기의 태교라 볼 때 이 책은 신혼 남녀의 지도서 역할을 하게 될 것이다.

생명의 신비함, 오묘한 닮음의 영향을 알아보면 태아는 근본적으로 잘 준비된 상황에서 발생되어야 함을 인정하게 될 것이다.

이 책은 생성된 태아를 어떻게 키울 것이냐 하는 것보다 어떻게 해서 훌륭한 생명을 잉태할 수 있을까에 대한 교훈적 차원의 벗이 되고자 한다.

이 책의 출판은 신혼부부에게 좋은 벗이 될 것이며 시대적으로 큰 사명감을 띠고 있다는 데 공감하며 태교책 다섯 권을 완성하기까지는 아직도 긴 여정이지만 지난번의 『재미있는 미혼태교』를 이은 다음 단계로 결혼하게 된 분께 보답하는 의미가 된다.

부분적으로는 좀 더 깊이 연구해 보려 한 곳도 있으나 연구 논문이
아닌 이상 이 정도로 매듭짓겠으며 또 실제로 여러 계층의 신혼부부
에게 모두 만족을 준다는 건 어려운 일이라 생각되어 첫 부분은 흥미
로운 예와 태교의 의미, 다음은 과학·의학의 리포트, 전통태교와 그의
입증, 세계적 추세, 자료순으로 엮었으니 모자라는 내용은 참고자료
에서 얻을 수 있을 것이다.

그리고 여기 수록된 내용은 현대의 시대상에 부응하고자 노력했으
니 아마 여러분의 좋은 벗이 될 수 있을 것으로 여겨진다. 아무쪼록
신혼부부에게 많이 읽혀 훌륭한 임신의 길잡이가 되기를 바란다.

임동근

목차

제6장 민속·일화

제7장 태교문화 비교

제8장 자료편

제1장

앞머리에

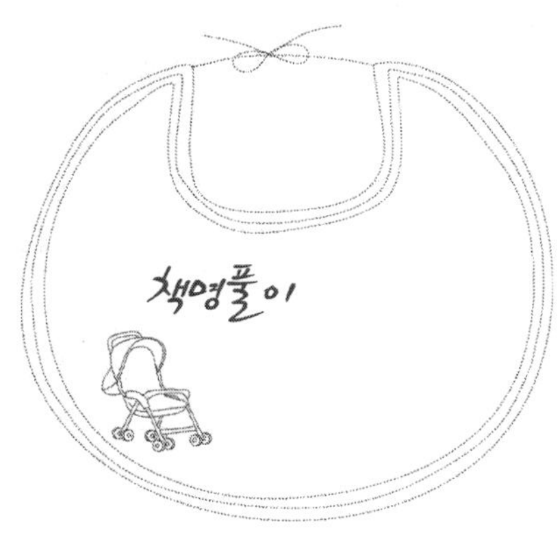

B.C. 232년에 우리나라에 『태훈(胎訓)』이라는 문헌이 있었다.

이 자료는 여성 및 신혼부부에게 교훈이 되는 것으로 아마도 훌륭한 임신으로부터 열 달 동안 태를 이렇게 키울 것인가에 대한 것 그리고 출산 후 육아하는 훈도에 이르기까지 생명을 잘 다루기 위한 교육적 내용이 아니었나 싶다.

설명 요지에 모든 교육을 반드시 태훈에서부터 시작했다는 구절이 있는 것으로 보아 예부터 우리의 선조가 태교를 얼마나 중요시했는가를 입증하는 귀중한 자료이다.

이 자료가 발견되면 우리나라 최초의 태교문헌이며, 아마도 동양권에서 중국의 『가의신서』나 『열녀전』과 동시대의 것이면서도 배경은 인본주의 사상인 '사람의 성품'을 위주로 했을 것이라는 가상이 되므로 이 의미를 길이 남기고 '태(胎)'에 이은 교훈으로 '태훈'이라 했다.

무에서 유를 창조한다는 신념과 과학적이며 현대적인 종합학문의 차원이라야 공감대가 형성된다는 측면에서 노력을 경주했으니 신혼부부에게는 보탬이 될 것으로 알며 참 도움이 되시길 빈다. 여기 부족한 것은 또 다음 기회에 넣겠다.

과학의 표현을 빌리면 태교는 '영향하는 것', 즉 '닮는 것'이다.

임부가 먹고 보고 듣고 생각하고 느끼는 일체가 영향을 미쳐 아기가 만들어지는 것이라고 표현한다. 그러나 우리말로 태교는 '닮는 것'이다. 그래서 훌륭한 아기를 탄생시키려면 좋은 책을 읽고 좋은 음악을 들으며 좋은 점과 훌륭한 것을 닮게 하려고 노력하는 지혜라 할 수 있다.

일찍이 동양에서는 태교를 신시경종(愼始敬終), 일람첩기(一覽輒記), 일이식백(一而識百)이라 하여 영재아 출산방식이라고 말했다.

그러나 우리나라에선 태아는 임부의 언행과 마음을 그대로 닮으니 바른 마음, 귀한 것을 보며 행동거지를 삼가야 된다며 인간의 품성형성에 주안점을 두었던 것을 엿볼 수 있다.

이것은 인간의 근본바탕이 잘 형성되어야 한다는 아주 훌륭한 가르침이다. 그리고 자랑스러운 우리 문화의 진면목이다. 아무리 영특하다 해도 인간성이 결여된 민족은 희망찬 미래를 내다볼 수 없음은 불을 보는 듯 훤하다. 그런데 소중한 우리의 태교는 원천적인 문제를 다루고 있는 것이다.

생명의 오묘한 이치는 발생과 태생의 내외적 영향으로 닮게 된다는 의미를 내포한다. 그런데 무엇이 어떻게 닮는 것인가라는 의문이 생긴다면 알기 쉬운 예로 시집가서 시누이를 미워하면 시누이를 닮은 아기를 낳는다는 풍속적인 말을 연상해 보자. 이 말이 무슨 속된 표현같이 들릴는지는 몰라도 실은 아주 잘 맞는 비유이기 때문이다.

태아는 역시 엄마가 행동한 대로 닮는다. 그것은 태아가 의식이 있고 무엇을 알아서가 아니라 엄마의 마음을 복사하며, 무에서 유가 형성되는 것이므로 엄마가 미워하면 자연스럽게 태아도 미워하는 마음의 소유자가 된다는 뜻이다.

왜 미워하는 마음을 잘 닮는지 의아해하겠지만 잘못된 것을 쉽게 닮는 것은 사람의 습성으로 태어난 후도 그렇다는 것은 다 아는 사실이다. 따라서 이를 미연에 방지하기 위하여 미리 조심하고 기왕이면 좋은 것을 닮게 하자는 것이 태교의 근본 목적이라는 것을 이해하게 된다.

잘못 복용한 약의 독성이 태아를 기형으로 만들 듯이 정신적·심리적으로 잘못된 엄마의 상태가 태아를 잘못된 성품으로 만드는 것은 오랜 경험철학이 현대의 생명과학과 함께 입증하고 있다.

즉, 태아는 엄마의 언행·섭생을 그대로 닮을 뿐만 아니라 마음씨는 더욱 잘 닮는다. 남을 미워하면 미워한 그대로 닮고, 시기하면 시기하는 마음을 그대로 닮으며 해칠 마음을 갖게 되면 그대로 태아에 영향을 끼치니 바른 마음씨를 갖도록 권하는 것도 이 때문이다.

그뿐 아니라 아기가 할아버지를 닮았다든가 삼촌을 닮았다든가 하는 예는 얼마든지 있다. 그래서 알아보니 임부가 외로울 때는 시아버지께서 따뜻하고 너그럽게 대해 주시어 친정아버지 이상으로 좋았다고 말한다. 또 삼촌(시동생)을 닮은 아기를 가진 부인에게선 남편이 너무 속을 상하게 했을 때, 삼촌이 이해해 주며 괴로움을 달래 주어 자연 친근감을 갖게 되었다는 고백을 듣기도 했다. 하지만 그것을 정신적 간음으로 봐야 할 이유는 없다. 임부의 좋은 생활환경으로 태아는 보다 좋은 점을 영향받는 것으로 알아야 할 것이다.

이렇듯 태교는 '닮는다'라는 말로 충분히 설명된다. 그런데 일반적으로 유전 쪽의 예를 들며 '그 집 씨니까' 한다든지 '그 집 뼈니까', '핏줄이니까' 하는 것은 영향설이 미약했던 전근대적 사고의 표현이다.

태교 연구를 시작하던 20년 전만 해도 태교가 어느 나라 종교냐고 묻는 사람이 있었다. 글자를 한글로 썼다면 모르되 '胎敎'라고 한자로 썼는데도 그렇게 물으니 참 어이가 없었다. 그래서 농으로 "태교란 배 속 종교다" 하고 넘긴 일이 있다. 그러나 이제는 태교가 많이 보급되어 결혼을 앞둔 많은 여성이 알려고 하고 예비부모들도 교육을 받으려고 하니 태교연구의 측면에서 보면 많이 발전한 것이다.

그리고 시대에 맞게 태교도 발전했다. 현대의 태교는 다양화된 사회, 국제화 시대에 맞게 기술이나 재능, 표현력, 통솔력, 외교술, 상술 등에서 나름대로 뛰어난 점을 닮게 하는 것을 의미한다. 또는 어떤 사람은 미술이나 음악의 예능적 재질, 문학이나 문화의 창작 발굴의 소질, 컴퓨터나 유전공학 등의 과학적·실험적 소질, 스포츠나 경기의 체육적 소질, 혹 물건을 사고파는 상업적 소질, 말을 잘하는 웅변적 소질 등 헤아릴 수 없을 만큼 분화된 직업 속의 자기 소질을 발전시키는 지혜로운 태교가 요구된다.

이런 관점에서 볼 때 태교는 어려운 교육이 아니고 필요한 지혜 습득과 임신 중의 실천요강으로서 이에 따른 방법을 창출하는 인간의 종합학문이며 인간의 기본바탕을 잘 만들기 위한 행동지침이다.

토막지식이나 유행적 상식에 의존하지 않고 선전물이나 광고 같은 곳에서 얻은 지식이 아닌 올바른 지식 위에 자기의 특성을 접목하여 보다 나은, 시대에 맞는 인간을 그려 보며 이것을 닮게 하려는 가임 여성, 임산부, 신혼 남성들의 노력이라 할 수 있다.

현대의 유전공학·생명공학은 분명 환경의 영향설 쪽에 관심을 갖고 연구를 계속하고 있다. 우리는 확실한 과학적 입증이 없어 반신반의하던 것을 떨쳐 버리고 무엇을 어떻게 닮게 할지 그 모범을 찾는 데 노력함이 옳을 것이다.

왜냐하면 옳게 알지도 못하면서 의구심만 잔뜩 갖는 것보다는 오랜 전통과 과학의 입증이 있으니 그것이 사실이라 판명되면 기왕에 좋은 것을 닮게 해야 하지 않을까 한다.

이렇게 했을 때 새로 창조되는 자기의 분신은 기대되는 인간, 바람직한 인간이 될 생명으로 형성될 것이다. 그래서 요사이 태교 이야기는 열기를 더한다. 직장여성, 근로여성, 여고졸업반 할 것 없이 관심을 갖는다. 그래서 여기 2단계의 어떻게 하면 임신을 시킬 수 있을까를 내놓는다. 근무의 성실도를 높이기 위해서나 그들의 장래 행복을 위해서나 태교 지식은 장차 아기를 갖고자 하는 모든 남녀의 필수적인 지식이다.

제2장

남성의 태교란

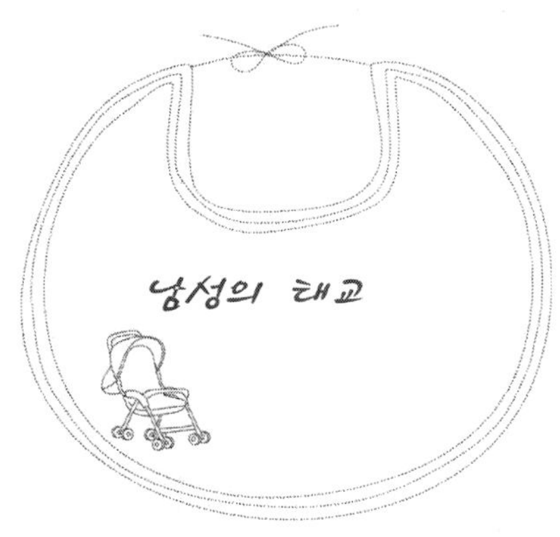

남성 태교의 중요성은 『재미있는 미혼태교』에서도 밝혔듯이 여성의 임신 중 열 달 태교보다 한발 앞선, 훌륭한 잉태를 위한 지침 혹은 부부행위 시 남성의 마음가짐이나 몸가짐으로, 생명 발생이라는 전제 하에서 보면 첨단의 원인과 맞먹는다.

남녀 교합 시의 향연, 정자나 난자가 만나는 순간에 빚어지는 '생명의 드라마'는 엄청난 신비의 연출이다. 그러므로 남성에게는 이 순간을 멋지게 장식하는 지혜가 요구된다. 부부행위 시의 만족도뿐만 아니라 생명의 창조라는 의미는 성스럽고 고귀하며, 경건한 행위이다.

임신을 여성 혼자서 할 수 있다면 모르되 남성과의 교합으로 이루어지는 일이므로 이 교합에 대한 관심은 요원한 연구의 대상일 수는 있으나 미지의 세계의 일만은 아니다.

훌륭한 임신이라 할 수 있는 생명의 원천은 분자생물학에서 보면 정자와 난자가 결합하는 순간에 생명력이 입력되며, 이때에 입력되는 지적(知的) 정보의 양은 무려 『대영백과사전(브리태니커 제품)』 440권의 양(量)을 받아들일 수 있는 엄청난 능력이라 한다. 따라서 이 순간은 생명이 점화되는 때, 다시 말하면 이(理), 기(氣)가 합치는 엄숙하고

장엄한 순간이라 말할 수 있다.

여기 표현된 생명력이라는 능력은 다시 풀이하면 활동력과 적응력, 기억력이나 판단력 그리고 인내력과 진취력, 경쟁력과 창조력 또 표현력과 통솔력 등을 통칭하는 힘이다.

그래서 남성의 일일지교(一日之敎)는 여성의 열 달 태교보다 중요하며 이 순간을 뜻 있게 장식한 발생이라야 훌륭한 생명이 될 수 있다고 한다.

그러나 일반적으로 남성이 주는 것을 어떻게 좋은 것과 나쁜 것으로 구분할 수 있겠느냐, 그것도 한 번에 1억 6천만 마리의 정충이 쏟아진다는데 어떤 정자와 난자가 결합될지 어찌 알 수 있느냐는 의심을 품을 수 있다.

하기야 그 많은 속에서 어느 정자가 어떻게 결합할지는 컴퓨터로 측정해도 가리기가 힘들겠지만 지극히 상식적인 말로 '적자생존'이라든가 '우성이 강하다'는 말을 적용시켜 보면 될 것이다. 이것은 여러 현상에서 실증된 결과론이기 때문이다.

같은 한국 남녀가 결혼해서 아기를 낳았는데 새까만 아기(흑인)를 낳은 예가 있다. 이것은 혈청학상 선부의 흔적이라는 색소 유전의 영향으로 그 여인이 혼전에 깜둥이와 접촉한 사실이 있었다는 예이며 또 어떤 이는 밤낮 술만 마시던 중 임신시킨 아기가 자라면서 늘 술 취한 사람처럼 흐느적거리며, 몽롱한 기억력을 가진 모습을 보이는 아들을 둔 사람이 있다. 그뿐 아니라 병균을 보유한 사람에게서 병을 전달받은 아기가 탄생하는가 하면 약물 중독 상태에서 만들어진 아기가 기형이 된 예가 늘어 가고, 불안한 상태에서 만든 아기가 정신적 질환을 갖고 있다는 통계 등을 보면 그것은 조상에게서 물려받지 않은 현상유전 혹은 자기 잘못의 결과인 것이다. 어떻게 전달되었는지는 과학이나 의학에서 계속 밝혀 주겠지만 결과론으로 충분히 지적할 수 있다.

이런 관점에서 현대 사회는 태교를 태중 교육이라는 임신 후의 차원에서 한 단계 앞선 훌륭한 임신을 위한 필수의 수업으로 승화시키는 일이 중요하다.

이는 오늘날 처음 생긴 일이 아니라 우리나라의 오랜 문헌을 보면 이미 있었던 일로서, 과학으로 다시 부각시킨 데 불과하며 현실적으로 타당성이 인정된다.

옛말에 천기, 지기, 인기라 하여 잉태 시의 금기를 표현한 글이 있는데 이를 현대적 표현으로 받아들이고 그 의미를 현대화시켜 보는 지혜가 필요할 듯싶다.

이는 하늘과 땅의 일기가 험상한 곳이나 주위 환경이 좋지 않은 곳, 정신적·심리적으로 섬뜩하게 느껴지는 환경에서의 임신은 건강한 임신이라 볼 수 없으며, 더욱이 건강하지 않은 심신 상태의 잉태는 좋은 결과를 기대할 수 없다는 말을 못 박은 것이다.

그런데도 그간의 많은 태교가 여성에게만 책임을 물었던 이면에는 남존여비사상의 시대상에도 있지만 또 하나는 남성은 짧은 기간의 일이요, 여성은 열 달이라는 긴 시간의 일이니 확률상으로 보아도 여성 쪽에서 영향받는 측면이 많기 때문이라 느껴진다. 그래서 집중적으로 여성의 태교만을 강요했으나 요즘의 남녀평등 시대, 맞벌이 부부 사회라는 상황에서는 훌륭한 임신을 전제로 한다면 분명 남성에게도 일말의 책임이 지어진다.

부부생활 이전의 신체적 조건, 병의 유무 등은 선행되어야 할 남성의 금기이며 그러기 위해 행동을 삼가는 것은 훌륭한 2세를 얻기 위한 남성의 태교다.

이것은 남성에게 준비되어야 할 사항이며, 여성은 피임약 남용, 오용이라는 문제가 있다. 시대적 요구로 아기를 원치 않을 때는 피임약을 복용하는 것이 바람직한 인구 억제의 지혜이지만 그러다가 임신을 원할 때는 그 시기의 3개월 내지 6개월 전부터 약의 복용을 삼가야 한다. 이러한 의학계의 발표를 알고 있다면 잘 실천해야 하며 그렇다고 그동안의 부부생활을 금하라는 뜻보다는 여성들이 각자의 생리주기에 맞는 피임법으로 그에 맞추라는 의미다. 혹 잘 모를 때는 병원에 상의하는 것도 좋고, 오기노식이나 기초체온법, 달의 주기를 이용하는 방법도 있다.

이와 같은 남성은 건강한 잉태를 위한 준비를 하고 여성은 기름진 밭을 만들어 놓은 상태에서 합궁한다면 틀림없이 훌륭한 생명을 잉태할 것으로 기대된다.

그 후에도 남성에게는 협조의 태교가 있는데 임신이 확인된 후 사랑하는 아내를 위한 마음의 표시이고 잉태를 위한 노력은 행복한 미래를 위한 거름이 될 것이기에 바로 알아야 한다.

또 예전엔 이러한 방법으로 왕은 왕이 될 재목을 얻었고 정승은 정승재목으로 만들어졌음을 고증한다. 이것을 모두 유전에 속한 것인 양하여 묵과했지만 실제로는 그에 맞는 훌륭한 태교의 밑받침이 있었음이 밝혀져 가는 상황이다.

이것은 과학, 의학뿐만 아니라 특히 유전공학, 분자생물학, 태생학, 발생학에서 더욱 그렇다. 인간 문제에 깊이 들어가다 보니 환경 문제, 조화의 문제가 생육 문제와 무관하지 않음이 확실해지고 있는 것이다.

인간은 시작이 중요하며 시작은 남녀의 교합으로부터 이루어진 발생이고, 이는 준비된 훌륭한 잉태의 태교로서 남성이 하여야 할 범주에 속한 것임을 명심하자.

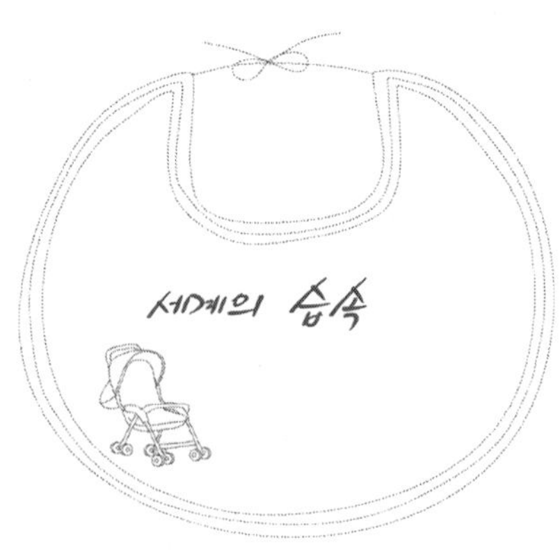

　세계 각국의 습속은 다양하다. 그리고 어떤 습속들은 해괴하리만치 괴상하다.

　인류가 시작되면서부터 나름대로 지켜 온 관습은 그 나라 그 지방의 특색으로 유지되고 변천을 거듭하며 개화하고 발전하였다. 그러나 변하지 않고 지켜지고 있는 풍습 중에 이상한 것이 있는데 예를 들면 일부의 회회교나 라마교의 여인들은 6세가 되면 성기(음부)의 일부를 꿰맨다고 한다. 그 이유는 성욕은 경험하게 되면 계속 증가하는 것으로 모든 범죄의 근원이라 하여 성감을 줄이기 위해서는 이 방법이 제일이므로 근본적으로 봉쇄하는 수단이 되고 있다.

　결혼을 하게 되면 남편이 첫날밤에 칼을 들고 들어가 교합할 수 없을 만큼 좁아진 신부의 성기를 칼로 벤다.

　그래야 첫날밤을 무사히 지낼 수 있기 때문이다. 그러나 이때 찢어진 성기의 통증 때문에 신부는 성감을 괴로운 것으로 생각하게 되며, 성생활은 자신을 아프게 하는 것으로 혐오감을 갖게 된다.

　그래서 부부가 된 후에도 남편이 가까이 오면 거절하는 것을 본연의 의무로 알고 행동한다고 하는데, 이렇게 되면 남편도 성교에 자연

흥미를 잃고 살게 된다.

이 지방의 해괴한 습속은 아직도 이어지고 있어 듣는 사람에게 소름이 끼칠 정도이다. 이 비문명적이며 비인간적인 방법은 인간을 쾌락에서 유리시켜 신의 섭리를 모독하려는 특정인의 의견이 잘못 만들어 낸 풍습이라고 비판한다. 그리고 16세기경 유럽에서 유행한 '정조대' 착용을 방불케 하는 일면을 엿보게도 한다. 정조대는 남편이 군대에 입대할 때 그동안 부인의 불륜을 방지하기 위해서 부인에게 채워 주던 것으로 그 열쇠는 남편이 가지고 갔다고 한다.

그뿐 아니라 어느 지방의 라마교인들은 결혼을 약속하게 되면 정조를 교주에게 먼저 바치는 습속이 있다. 이렇게 해서 신으로부터 성령을 받는다 하는데 이때 교주에게서 전피된 성병은 부부의 생활을 어둡게 하며 바로 이것이 불행의 씨가 될 수도 있다는 것이다. 우리로서는 이해하기가 힘든 관습이다.

또 아프리카의 어느 나라에서는 결혼식을 꼭 신부의 월경일을 택해서 올리는 습관이 있다. 왜냐하면 이 나라 남성들은 첫날밤의 성교 때에 흘러나온 피(선혈)는 자기 부인이 될 사람이 자기 이외의 어느 남성과도 접촉해 본 일이 없는 순결을 자신에게 바쳤다는 의미로 해석하고 숫처녀와 결혼했다는 기쁨을 평생 간직하는 이상한 습관이 있기 때문이라고 한다. 그래서 이 기쁨을 주기 위하여 딸의 집안에서는 고심하여 월경일을 택하게 되었다는데 아무리 숫처녀라 해도 꼭 선혈을 보인다는 보장이 없기 때문에 그러한 경우를 무사히 넘기려면 이 방법이 최고라 한다.

이는 잘 보존된 처녀막을 확인해야만 만족해하는 전근대적인 사고라 하지만 남성은 모두 마찬가지인 듯싶다.

또 인도에서는 가운데 구멍이 잘 뚫린 대롱을 여성의 음부에 꽂고 태양 볕을 쬐는 풍습이 있다. 우리나라의 거풍(擧風)이라는 말과 흡사한 의미로 성기의 주요 부분을 태양 볕에 그을려 강정(強精)을 하려는 원시적인 습속이라 볼 수 있다. 우리나라에선 남성의 성기를 햇볕에 쬐었는데 인도에서는 여성의 것을 그렇게 함으로써 여성이 오래 즐기려는 노력이거나 약하다는 의미로 볼 수 있다.

같은 인도의 다른 지방에는 자녀들이 보는 앞에서 부모가 성행위를 한다. 이것이 자녀를 위한 성교육이라는데 이렇게까지 해야만 되는지 의심스럽다. 성행위는 누가 가르쳐 주지 않아도 가르쳐 준 이상으로 잘 알고 행할 수 있는 자연발생적, 동물 본능적 행위로 보아도 무방할 것이다.

한편 일본에서는 남녀의 성행위 방법을 48가지로 분류하고 이것을 그림으로 그려 팔기도 했는데, 제2차 세계대전 후 패망국의 입장에서 잃은 남성을 보충한다는 의미로 또는 돈을 버는 수단으로 이용해서 많은 미군들이 사는 것을 본 일이 있다. 손수건, 카드, 간단한 소지품에 그려 놓은 그림들은 젊은 군인들의 호기심의 대상이 되었다. 그러나 요즘은 사라져 버린 이야기다.

또 한편 일본에서는 자기 딸이 초경을 하게 되면 팥죽을 끓여서 잔치를 한다. 잠재된 의미가 있겠으나 외적으로 표현되기는 이제부터 자기 딸이 성년이 되었다는 의미라 한다. 이때부터 엄마는 딸에게 남성과 여성에 대하여 가르치고 여성이 남성과 다른 점 그리고 여성은 임신이란 막중한 임무가 있음을 알기 쉽게 설명해 준다. 또 엄마도 그 길을 걸어온 것을 이해할 수 있도록 일러 주고 몸을 바르게 할 것, 함부로 행동하지 말 것 등을 일러 주는 계기로 삼는다. 또한 초경을

하게 되면 어린 딸들은 놀라서 울거나 심하면 우울증에 빠지고 나아
가서는 자살까지 하는 일이 있는 것을 보면 이러한 비극을 방지하고
정상적인 생각을 갖도록 하기 위한 가정교육의 일환인 하나의 풍습
이다. 그러나 요즈음에는 초등학교 고학년 때나 중학생들에게 학교에
서 선생님들이 이에 대해 가르치고 있으니 그리 염려하지 않아도 될
것이다.

　또 딸을 출가시킬 때는 짐 보따리 속에 한 권의 책을 보물과도 같
이 싸서 넣어 준다는데 첫날밤이 오기 전에 보도록 한다. 그런데 이
책은 멋진 방사를 하기 위한 지도서라고 한다.

　이렇듯 딸을 가진 부모들은 딸의 행복을 위하여 온갖 신경을 썼는
데 이것을 지나간 풍습의 단면이리 하기보다는 앞으로 더욱 장려해
야 할 일이 아닌가 한다.

이황과 이이는 1560년대 조선 선조 때의 동시대 인물로서 성리학의 유명한 두 거두다. 이론의 전개과정에서 약간의 차이점이 있어 학파의 대립이 있기는 했으나 누가 뭐라 해도 세계에 자랑할 수 있는 큰 학자임에는 틀림없다.

그런데 두 분 밑에서 배운 제자들 중에는 짓궂은 사람이 있어 이분들의 높은 학식 이외의 일상생활 중 특히 성생활에 관심을 두고 비교 관찰한 일이 있다.

하루는 퇴계 선생의 제자가 몰래 율곡 선생의 침소에 들어가 부부생활 장면을 엿들었는데 율곡은 성교를 하는데도 그처럼 점잖고 조용할 수가 없었다고 한다. 그래서 그분의 인격을 달리 보았다. 그러나 한편으로 퇴계 선생의 잠자리를 몰래 숨어 지켜보았더니 두 분은 어찌나 요란스러운지 옆에 있으면서도 혼이 날 정도였다고 한다.

그래서 하루는 쉬는 시간을 이용하여 퇴계 선생께 이 두 정경을 질문하며 어느 쪽이 옳은 방법인가를 여쭈어 보았다. 그랬더니 화를 내실 줄 알았던 퇴계 선생이 정좌를 하시며 "율곡은 손(孫)이 무(無)하겠군" 하시더란다.

후에 안 일이지만 역시 율곡은 자손이 없었다. 그러나 퇴계는 5남매를 두었다.

이 이야기는 한국의 야담을 통해 전해졌지만 구자법(求子法)이나 발생학 측면에서는 중요한 이야기이다. 그런데 여기서 요란스럽다고 표현한 말을 잘못 해석하는 경우를 위하여 첨가할 것은 그 다양한 방법이 문제가 아니고 얼마나 열심히 부부가 함께 오르가슴에 도달하느냐에 대한 성의나 성실성의 문제라는 것을 알아야 한다.

요란스럽다는 것과 난잡하다는 것은 의미가 다르다. 또 현대어로 오르가슴이라 하는 것을 서구에서 온 것으로 착각하는 사람이 있으나 동양이나 우리나라에도 일찍부터 있었던 방법이며 더욱이 대석학인 두 분 사이에서 나온 가르침이라는 데서 음미할 가치를 찾아본 것이다.

> 요란스럽다는 것과 난잡하다는 것은 의미가 다르다.
> 또 현대어로 오르가슴이라 하는 것을 서구에서 온 것으로
> 착각하는 사람이 있으나 동양이나 우리나라에도
> 일찍부터 있었던 방법이며…….

현대인은 핑크무드 오르가슴이라 하면 언뜻 알아차리는 듯해도 어찌해야 하는지, 그저 난잡한 짓을 연상할 수도 있는데, 실로 부부관계란 요란해야 되는 것이란다.

이것은 잘못된 행위가 아니고 신이 만들어 준 천부적 부부관계의 기교다. 그래야 부부는 원만해지고 자손을 보는 일도 무사하다고 옛

어른들은 가르치신다.

이런 교훈은 하기도 어렵고 때를 맞추어야 하는데 마침 이런 기회를 마련했기에 글을 삽입하는 것이며, 이런 때를 놓치면 영영 알지도 못하고 지내는 사람이 있어 이를 커버하려는 의미라는 것을 이해해 주기 바란다.

이것은 자손을 보기 위한 방법이 아니라 하더라도 부부의 성생활에 기본이 되는 철학인 것이며 철학이란 말이 비약이라면 지식 혹은 중요한 상식이라 해도 무방할 것 같다. 그래서 성생활이란 감춰진 아름다움이라 이야기한다.

일본을 자주 왕래한 사업가 이 씨를 만난 자리에서 나온 이야기다.

일본에서 Y라는 문화인과 술자리를 같이 한 일이 있었는데 술을 한두 잔 한 뒤 재미있는 이야기가 시작됐는데 이 사람이 갑자기 "L 사장은 아들을 먼저 낳았습니까? 아니면 딸을 먼저 낳았습니까?" 하며 질문을 해 왔다. 그래 숨길 것도 없고 사실대로 "첫딸을 두었다"고 하며 우리나라에선 첫딸이면 살림밑천이라 말한다고 했다. 그랬더니 이 사람이 "한국 남성들은 여자를 잘 다룰 줄 모른다"고 농을 걸어 왔다. 그래서 그게 무슨 뜻이냐 하며 당신 솜씨는 다르냐고 되물었더니 자신은 첫아들을 낳았고 그간 첫아들 낳은 사람과 첫딸 낳은 사람들을 조사해 보니 첫딸을 낳은 사람들은 부부의 방사에서 여성을 오르가슴에 도달시키는 기술이 부족한 사람들이더라고 얘기했다.

술자리에서 흔히 있는 웃음거리로 여겼으나 그 후 L 사장이 한국에 돌아와서 친구들 중에 첫딸을 낳은 사람과 이야기를 해 보니 과학적인 분석은 아니지만 많은 친구들이 이와 비슷한 경우인 것을 느꼈다고 한다.

다시 생각해 보면 한국 사람들은 느린 것 같으면서도 급한 구석이 있고, 방사에 있어서도 서양사람들 같이 분위기나 애무 같은 단계를 거치지 않고 흥분을 잘 다스리지 못하는 경우가 있다. 이것은 대가족제라는 여건, 한옥의 구조와 연결되지만 결과의 근사치는 서두르는 성미 때문이라고 말한다.

또 여성은 능동적이거나 너무 적극적으로 다가서면 이상한 느낌을 준다고 새침을 떠는 경향이 있어서 첫날밤이나 부부생활이 익숙해지기 전까지는 자신의 욕구 충족엔 그리 신경을 쓰지 않기 때문이란 의견도 덧붙였다. 또 동방예의지국 사람이기도 하고…….

그러나 여기에 성문제를 초월한 인간 발생 문제를 놓고 검토해 보니 우리는 구자법, 득남법 같은 아들 낳는 방법이 따로 있었으며 해학적 지침이 오래전부터 전해지고 있음을 알았다.

아들을 원하면 '왼쪽을 집중 공략하라'는 가르침과 깊이에 관해서도 언급이 있었다고 말하니 놀라지 않을 수 없다. 그뿐 아니라 결혼식 후 폐백 때 시부모가 신부의 치마폭에 대추를 던져 주는 이유도 따로 있다. 현대의 식품 공학에서도 남아를 원하면 알칼리성 음식을 섭취하라고 하는데 우리 조상들은 알칼리성 식품인 밤, 대추, 잉어를 임신 전부터 먹여서 득남할 수 있게 하는 슬기를 가진 것이다.

그렇게 볼 때 우리는 훌륭한 문화를 간직한 민족임을 알 수 있다.

다만 평화를 사랑하며 인간을 존중하기 때문에 살생을 싫어하고 많은 외침을 당해 피해를 보았지만 이제라도 자기 모습을 찾기 위해서 잃었던 문화를 발굴하고 오랜 전통의 발자취나마 증명해 보아야 한다.

인간을 발생부터 중요시해 온 민족, 짝지음을 소홀히 하지 않는 민족인 우리는 훌륭한 문화를 현대적 의미로서 재증명할 필요가 있겠다.

궁합(宮合)이란 출신학교, 돈이 얼마나 있나, 키가 큰지 작은지를 보는 것이 아니라 두 사람이 부부 되어 검은 머리 파뿌리 되도록 사는 동안 이(理), 기(氣)가 잘 맞을 건지 아닌지를 보는 것으로 이것이 잘 맞을 때 결혼은 성립되고 첫날밤의 합궁(合宮)도 멋있는 것이 된다는 것을 짚고 넘어간다.

아무리 과학시대라 해도 과학도 인간이 만드는 것이므로 보다 중요한 것은 인간이란 것을 잊어서는 아니 될 것이며 인간을 훌륭히 낳는 태교는 결혼할 때의 필수 혼수품이며 귀중한 행복의 바로미터가 될 것을 의심치 않는다.

 '참을 줄 알면 낙(樂)이 온다'는 말은 인간의 참을성을 말할 때 쓰이는 것을 변형하여 만든 말이다.

 '참는 자에겐 복이 있나니', '참는 게 약(藥)이니라'라고 성격의 인내를 말할 때 이런 표현을 쓰나 남녀 교합에 있어서도 '남성은 참을 줄 알면 낙(樂)이 온다'고 한다.

 서구 사람들은 남녀가 교합하기 전에 분위기를 조성하고 애무를 하고, 여성을 적당한 상승 무드에 올려놓는다.

 그러나 동양권의 사람들은 일방통행을 하는 경우가 많다. 실제로 동양권의 옛 서적을 보면 중국의 『소녀경』이라든지 인도의 『카마수트라』 등 성(性) 고전이 전해 오고 있다. 그러나 그것은 높은 수준의 생활을 하는 사람들(고관대작)에게 해당되며 중산층이나 서민층에게는 금기로 '색을 좋아하면 망한다'고 가르쳐 왔기 때문에 성생활이란 그저 자손[孫]을 보기 위한 수단으로만 행해져 왔다.

 그래서 남녀의 교합은 그저 형식적인 행위로 진행되었으며 어떤 방법으로 양자가 공히 오르가슴에 도달하는 것인가에 대하여 무지했고 겨우 음담에서 주워들은 것에 의해 행위가 이루어졌을 뿐이다. 그러나 현대인이 알아두어야 할 것은 바로 '참을 줄 알면 낙이 온다'는 말이다. 그것은 혼자 상승하고 사정하는 것이 아니고 상대방이 따라올 때까지 참는 것이다. 이럴 때 방사(房事)는 성공하며 남아를 원하는 사람의 성공률도 높다는 것이다.

우리나라에도 거풍이란 풍습에 남성의 성기를 태양 볕에 그을려 오래 할 수 있게 했고 '동이도화하처심 도래일촌이분심(洞裏桃花何處深 都來一寸二分深)'이라고 '복숭아꽃이 만발하였는데 자궁은 어디메뇨'라 하며 여성의 국부를 가리어진 곳으로, 자궁을 복숭아꽃으로 나타내고, 이곳에 도달하는 깊이까지 표현하여 일촌이푼의 깊이에 아들 낳는 비결이 있음을 암시하고 있다.

그뿐 아니라 그곳을 왼 동네, 오른 동네로 구분하여 아들을 원하면 왼 동네에 힘쓰라고 했는데 집중공략하라는 뜻이기도 하다.

또 지켜야 할 금기를 천기(天忌), 지기(地忌), 인기(人忌)라 하여 하늘에서 천둥번개 치는 때나, 일식·월식하는 때는 피하고 참으라는 것이며 땅에서는 무덤 옆이나 갈대밭, 허물어져 가는 사당 안, 무너지는 소리 나는 곳, 바람 부는 곳을 피하고, 사람 사이에서는 나쁜 짓을 했거나 불결하거나, 또 괴로움에 떨고 있을 때, 허약할 때, 병이 걸렸을 때는 참으라는 금기까지 있다. 이런 것은 현대 과학에서도 충분히 설명이 되는 것으로 정신적으로나 심리적으로 무섭다거나 불안하거나 불결하거나 섬뜩하거나 약을 복용하고 있을 때의 행위는 나쁠 수밖에 없다는 것이다.

인간 발생이란 임신 이전의 이야기이며 잉태의 순간이란 엄청난 힘의 결집으로 섭리에 따르지 않고는 성립되지 않는다. 이 섭리는 오묘하며 성스러운 것이므로 우리는 이 뜻을 깊이 알고 행동해야 된다.

어디까지나 유희로 끝날 남녀의 교합은 생명 발생과 연결되지 않아 중요하지 않지만 잉태의 교합은 생각을 달리해야 되는데 이는 하나의 생명이 시작되기 때문이다. 이를 모르고 행동했을 때 불행은 싹이 트며 좋은 상황에서 좋은 씨를 뿌려 주는 것이 일일지행(一日之行)으로 하루의 몸가짐인 남성의 태교에 속한다.

이것은 옛날 궁중이나 대궐에서 자신의 자손[孫]을 특별히 두고자 지켰던 방법이지만 이젠 누구나 할 수 있는 방법이니 한번 새겨봄이 좋겠다.

여성은 날씬해야 남성에게 매력을 느끼게 한다. 그렇다고 뼈만 앙상하게 남을 정도의 허약체질이 되라는 것이 아니라 너무 뚱뚱해서는 못쓰며 그중에서도 배가 뚱뚱해서는 더욱 안 된다는 이야기다.

옛날의 성인군자도 성생활에서는 그리 추하지 않을 정도의 탐닉을 즐겼으며 이것이 도리에 어긋난다고 생각하지 않았던 것 같다.

그래서 성행위를 하기 전에 여성의 음부를 열어 보는데 은젓가락, 금젓가락 같은 것을 사용했다. 이 기구는 성기에 균의 침입을 막는다는 의미가 있었고 성기의 형태를 알아서 접합의 성공을 거두는 데 목적이 있었음을 알 수 있다. 이때 배가 뚱뚱한 여인에게서는 음핵(陰核)의 위치 판별이 어렵다. 그래서 뚱뚱하면 나쁘다, 맛이 없다는 표현을 사용한다.

예로부터 여성은 여성다운 몸매에서 매력을 풍기며 가분수적인 건강, 비만은 금물인 듯싶다. 그렇다고 미국의 여배우 ‘메릴린 먼로’처럼 육체파가 되라는 의미는 아니다. 요염하고 풍만하며 남성을 매료시키는 신선한 몸매는 초자연적인 여성의 자랑이므로 이를 잘 가꾸기를 바란다.

이상의 것들은 잘못되면 추잡한 음담에서나 할 수 있는 이야기로 착각하기 쉬우나, 우리는 이것을 터부시해 온 데 비해 서구의 것은 잘못되었어도 무조건 받아들이고 자신의 문화는 모두 퇴폐적이라 할 수는 없다. 이것을 현대화하고 미화하여 발전시켜야 한다는 측면과 이런 것이 바로 훌륭한 태교의 일면인 것을 깨닫게 하기 위해 이런 곳에 옮기는 괴로움을 이해해 주기 바란다. 추하여 옮기지 못하는 내용이라고 글로 쓰지 않고 도덕적·윤리적으로 억제만을 하는 시대는 지났으므로 올바로 알게 해주는 역할로 받아들여 주기 바란다.

홍길동이라는 이름은 우리나라 사람이라면 남녀노소를 불문하고 모르는 사람이 없을 정도다.

서출이라는 이유 때문에 뛰어난 실력과 성품을 가졌음에도 관리에 등용되지 못했다. 그러나 그 비범한 인물됨으로 모순된 조선시대의 사회를 개혁하기 위해 노력한 소설 속의 인물이다.

여기서는 홍길동과 관련된 태몽과 발생에 관해서 전해지는 색다른 이야기를 소개하고자 한다.

원래 홍길동은 양반 집안에서 태어났다. 아버지 홍 판서는 이름난 양반 가문의 자제로 훌륭한 인품을 지닌 사람이었다. 하루는 방에서 낮잠을 자고 있는데 갑자기 하늘에서 별이 떨어지더니 자신의 몸 안으로 쑥 들어오는 것이 아닌가. 깜짝 놀라 깨어 보니 꿈이었다.

이상하다고 여긴 홍 판서가 곰곰이 생각해 보니 심상치 않은 태몽이었다. 그래서 몸을 일으켜 부인 방으로 가보았더니 부인은 방문을 잠그고 깊은 잠에서 깨어날 줄을 모르고 자고 있었다. 서성거리며 부인이 깨어나길 기다리고 있는데 말을 하려 해도 들어온 별이 입을 통해 튀어나갈 것 같은 염려 때문에 부인을 일어나라고 깨울 수도 없는 노릇이었다.

마루에서 마당을 지나면 저쪽에 하인들의 방이 있었는데 아무도 눈에 띄질 않았다. 이때 하녀 하나가 물을 길어 놓고 제 방에 들어가 걸레질을 하는 모습이 보였다. 문득 열심히 방을 닦는 하녀의 움직이는 뒷모습이 이상하게 보였다. 왼쪽으로 갔다 오른쪽으로 갔다 움직이는 뒷모습에 어떤 충동을 일으킨 홍 영감이 엉겁결에 마당으로 내려와서 하녀의 방을 침입하고 말았다.

그 후에 하녀의 몸에는 태기가 있었고 열 달이 지나서 떡두꺼비 같은 아기를 낳았다. 훤칠한 인물에 콧등이며 눈에 비치는 총기나 비범함이 보통사람과는 달랐다. 길동은 자라면서 글에 능통하였으며 사람을 다루는 솜씨가 뛰어나 동네아이들의 대장이었다.

그러나 서출인 길동은 과거에 응시조차 할 수 없었고 이를 한탄하여 집을 뛰쳐나와 팔도 전역을 누비며 탐관오리들을 혼내 준다. 적서차별의 제도에 불만을 품고 빈민을 구제하였으며 구습타파와 평등사회 건설을 이룩하려 했다.

17세기 초 조선 광해군 때 허균이 쓴 소설로서 오랫동안 누구에게나 재미있게 읽힌 『홍길동전』이라는 글인데 옛날엔 이런 태몽에 얽힌 이야기가 많았다.

율곡 부친의 태몽, 사명대사의 태몽 그리고 신사임당의 태몽, 우암의 모친 곽 씨의 태몽, 백범 김구 선생 모친의 태몽, 이승만 초대 대통령 모친의 태몽 등에 많은 일화가 있으나 태몽 책이 아니므로 구체적인 소개는 생략한다.

현대 과학은 발생의 근원을 알기 위해서 온갖 실험을 하고 있다.

여성의 자궁이 아니면 정말 생명이 생기지 않을까라는 물음에 답하기 위해 비슷한 한경을 조성하여 정자와 난지를 결합시켜 수정란을 남자의 장(腸; 대장, 소장) 사이의 어느 오지를 찾아 주입시키고 자라나는 모습을 관찰하여 보았다. 그 결과 죽은 줄 알았던 이 수정란이 자라나는 것이 아닌가. 이에 따라 남성도 임신할 수 있다는 실험 보고가 발표되었다.

이런 실험은 불임여성을 아내로 가진 남편들에게는 마치 복음과도 같이 들렸으며 신문·잡지에도 큰 기삿거리가 되었다. 어느 남성은 자신이 직접 대상이 되겠다고 자원하기도 했다. 남성이 임신을 한다는 놀라움으로 파문이 일기 시작했고 여러 관심이 쏟아졌다.

수천 년의 역사 수백만 년의 제도가 하루아침에 무너지고 인류의 생활 패턴이 근본적으로 수렁에 빠지는 듯한 느낌이 왔다.

삶의 가치관이나 신의 섭리 같은 것이 온통 뒤엎어져 천지개벽의 예고 같은 두려움이 생기고 만물의 영장이라는 인간이 동물세계에도 없는 자연의 법칙을 깨뜨리는 일을 저질러 어떤 심판을 받게 될지도 모른다는 두려움 속으로 빨려들어가기 시작했다.

그래서 동물적·물질적인 일시적 실험을 할 수는 있어도 그 실험이 더 이상 진전되어서는 안 되겠다 하여 과학자들이 실험을 중지할 것을 요구하고 나섰다. 그 실험이 더 이상 진행된다면 인류는 어떤 국면에 도달할는지 모르기 때문에 중지하라는 것이었다. 그렇다. 우리는 그 이상의 실험에는 흥미를 떨쳐 내야만 한다. 만약 더 이상 발전한다면 인륜을 어긴 대가로서 어떤 벌을 받을지 모른다.

진화론에서 인간은 수백만 년 동안 진화하여 현재의 인간의 모습을 갖추었음을 배웠다. 그러나 인류의 역사를 입증할 유물들의 흔적에서 인간은 수천 년, 수만 년 이래로 거의 비슷한 모습으로 존재해 왔음을 부인할 수 없고 모든 인간은 어머니로부터 탄생되었음도 또한 부인할 수 없다. 지구의 온대지방, 한대지방, 열대지방 할 것 없고, 문명사회, 비문명의 오지를 막론하고 여성의 자궁을 비롯하지 않고는 생명이 탄생하지 못했다.

동양에서는 이곳을 자궁(子宮), 즉 아기의 궁전이라 하여 생명을 귀중하게 여겨 왔다. 그런데 그곳이 아닌 다른 곳에서 아기가 태어난다면 큰 혼란이 있게 된다. 과학의 발전이라고 할까 혹은 인류의 멸망을 재촉하는 행위라고나 할까.

그래서 나는 이를 '쓰레기통에서 생겨난 동물과도 같은 것'이라고 말하지 않을 수 없고 이 동물이 자란다면 인간을 파괴할지도 모른다고 생각한다.

DNA는 인자를 접합하여 새로운 종자를 실험할 수 있고 다산과 거대한 식물의 열매를 만들 수는 있다. 그러나 아무리 성 개방, 남녀평등의 시대라고 해도 임신까지 남성이 한다는 것은 과학이 방향을 잃고 헤매는 것 같은 느낌이 들고, 이런 실험은 백해무익하니 중단해야 할 실험임을 말하지 않을 수 없다.

왜냐하면 이런 실험은 인간을 오도(誤導)하며 생명의 존엄이나 전통의 기존 질서를 무너뜨리고 가치관도 윤리도 땅에 떨어뜨려 크나큰 혼란을 야기시킬 원인이 될 수 있기 때문이다.

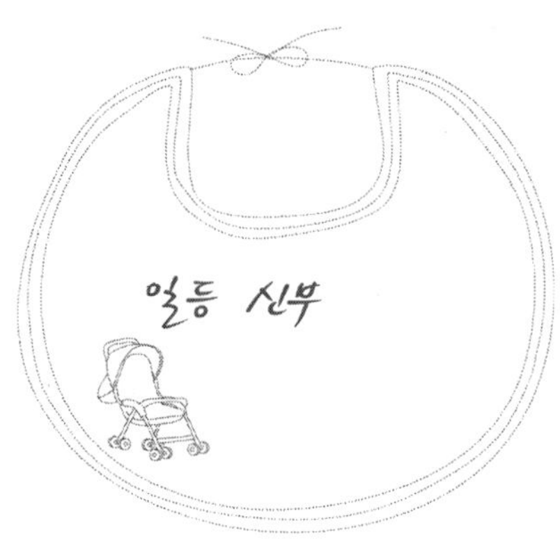

모든 여성은 신부가 된다.

그중에서도 일등 신부는 훌륭한 생명의 창조자라야 한다.

결혼을 위한 준비 작업은 다양하지만 태교를 몰라 건강하고 영특한 아기를 출산할 수 없다면 그 사람은 일등 신부로서의 자격을 상실했다고 볼 수 있다. 그래서 요즈음 젊은 여성들은 결혼을 앞두고 열심히 신부 수업을 하고, 태교에 적지 않은 관심을 가지며, 자기의 분신을 훌륭히 만들겠다는 굳은 의지로서 지식과 지혜를 익히느라 열을 올리고 있다.

그런데 요즘 결혼에 물질적 조건을 까다롭게 내세우는데 이는 옳지 못하다. 하기야 '보기에 좋은 음식이 먹기에도 좋다', '기왕이면 다홍치마'란 말이 있듯이 같은 값이면 조건 좋고 결혼 예물도 많이 해 오는 쪽을 고르려는 것이 현명한 사람일 수도 있겠다.

그러나 곰곰이 생각해 보고, 선인들의 발자취나 경험담을 들어 보면 옳지 않음을 금세 알 수 있다.

왜냐하면 '미색이 박명'이란 말도 있고 '조건은 조건을 낳고', '호사는 다마를 늘 품고 있다'는 예도 있기 때문이다. 필자는 오히려 '일

등 신부'를 고르려면 아들과 딸을 훌륭히 낳고, 잘 키울 수 있는 모성을 갖춘 여인 됨에 중점을 두는 편이 현명하다고 생각한다. 그래야만 장래를 위하여 복된 나날을 기대할 수 있을 것이라 장담하며 어떤 여성이 일등 신부인지를 설명해 보려 한다.

● 일등 신부의 조건

우선 여성이란 신체적 구조부터 남성과 달라서 자궁이라는 아기의 궁전을 가진다. 그리고 이것을 얼마나 잘 다룰 수 있느냐 하는 것이 중요한 과제다.

과학적으로 남성도 임신할 수 있다는 실험 보고가 있었으나 수천 년 수만 년 동안의 인류의 역사 속에 이어져 온 대자연의 섭리, 신의 섭리를 거역하면서까지 남성이 임신을 해야 하는지 의문을 품지 않을 수 없다. 실제로 남성의 임신이란 창자[腸]에서 가능한 것으로 이제 겨우 실험 단계이나 이건 동물실험에서나 가능한 것이지 인간인 남성이 임신한다는 것은 인류 역사를 역행하는 처사다.

'당신도 한 번 나도 한 번 교대로 임신해 봅시다'라고 착각한다면 불행의 늪은 수천 길이 될 것이다. 그동안 잘못됐던 아기의 출산, 기형아의 원인을 파헤쳐 보니 유전적인 것은 1/3 이하에 속하는 일이며 많은 부분이 태교를 소홀히 한 환경의 영향이었다. 착각이나 작은 실수지만 생명 발생에서는 잘못이 추호도 용서되지 않는다. 그래서 이에 관심을 둔 사람이라면 어떤 여성이 일등 신부인지 확실히 알 수 있을 것이다.

아무리 부부가 최고라 해도 '부부는 평생을 살아도 남남'이란 말이 있듯이 분신이 훌륭해야만 행복은 지속되는 것이며, 부부가 화목하고 희망이 샘솟게 되는 것이다.

영특하고 건강하며 성품도 좋고 재주도 뛰어난 아기를 가진 가정은 모든 일이 잘되고 안정되고 행복하지만 그렇지 못하면 불행해지게 된다. 잘못된 아기로 인해서 부부가 갈라서거나 한평생 불행을 짊어지고 사는 것을 보면 혼수품으로 텔레비전·냉장고 등의 물건들을 준비하는 것보다는 오히려 인간을 훌륭히 낳고자 하는 데 노력을 기울일 줄 아는 여성이 '일등 신부'로서 자격을 갖춘 여성이라 본다.

인간 발생을 배우고 태생을 위하여 옳은 지혜를 짜낼 수 있는 여성이라면 오히려 큰 환대로써 맞아들여야 한다.

● 태교는 백년대계(百年大計)다

인생을 살아가면서 만의 하나라도 어떤 불행한 일이 일어난다면, 그때는 훌륭한 인간이 가장 큰 재산이 된다. 환경이나 여건 등은 그 다음 문제이고 우선은 인간 그 자체가 중요하다. 인간이 슬기로우면 어려움은 쉽게 극복되는 것이요, 그렇지 못하면 어렵게 되는 것이다.

그래서 우리는 훌륭한 인간됨을 중요시하는 것이다.

우리나라엔 예부터 명문가에서 실시해 온 잉태의 태교법이 있다.

왕가에서 왕의 자손이 나오고, 명문가에서 명재상 자질의 자손이 나온다는 것은 유전적인 씨앗 때문이라는 이야기도 있으나 실은 훌륭한 태교의 영향임을 잊지 말자.

왕가에선 규수간택부터 엄격했고 그 시험장에선 가문, 혈통, 교육 정도는 물론 용모에서 신체적 발달까지를 완벽하게 파악했다. 현대어로 '히프'가 제대로 생겼느냐, 허리, 앞가슴, 목의 길이, 몸매, 말솜씨, 표정까지를 살펴보았으니 얼마나 치밀했는가를 알 수 있다. 또 결혼

후에 태어날 아기를 위해 좋은 환경과 거기에 맞는 음식이며 적절한 보살핌 등을 쏟았는데 유전보다 환경의 영향에 빈틈없는 노력을 기울였던 태교를 연상할 수 있다.

물론 좋은 밭과 좋은 씨앗의 논리를 부정하는 것은 아니나 유전이 차지하는 비율이 환경의 반도 안 되므로 인간 노력으로써 변화가 가능한 환경을 보다 바람직하게 할 수 있는 것이 최선이란 생각과 불가능한 유전을 가능하도록 하는 것은 우매한 일임을 알리고자 한다.

임신 중의 훌륭한 태교는 훌륭한 임신에서부터 시작된다.

가령 잘못 임신된 태아를 놓고 아무리 열심히 태교를 해도 기형아를 정상아로 만들 수도 없고 만들었다는 이야기도 들어 보지 못했다.

여기서 우리는 임신 자체가 잘못 없는 훌륭한 임신이어야 하며, 시작부터 잘하려고 노력하는 신부라야 일등 신부라고 할 수 있겠다. 많은 직장여성, 바삐 움직이는 남성들도 이것을 앎으로써 직장을 일하는 곳으로뿐만 아니라 장래를 준비하는 곳으로 생각하게 되고 직무에 성실함은 물론 행복도 기대된다고 본다.

　　과학에서 거론되는 생명의 발생과 연관된 몇 부분을 발췌하여 남성의 태교에 속하는 것과 비교해 보니 재미있는 부분이 있었다.

　　요즈음 한창 인기 있는 분자생물학의 연구 과정에서도 남성이 한번 사정하는 정액 중엔 건강한 정충, 그렇지 못한 정충과 우성, 열성이 구별된다. 이것을 규명하려고 다각도로 실험 중이지만 어떤 것은 꼬리가 잘리거나 구부러진 것도 있는데 이런 정자의 돌입이 근본적으로 봉쇄되어야만 불행한 사태를 방지할 수 있고 만에 하나라도 이 정자와 결합이 된다면 문제가 발생한다. 1980년대 초 DNA의 실험보고에서는 불완전한 정자와 난자의 접합은 잘 안 되는 것으로 발표했으나, 문제가 발생한 원인에서 보면 전혀 불가능한 것만은 아닌 듯하며 가능한 여건은 따로 있는 듯하다.

　　그래서 임신을 전제로 한 부부 교합에서는 남성도 일말의 책임의식을 가지고 임해야 한다는 것과 이에 앞서 몸을 잘 다스려야 한다는 당위가 성립된다. 이에는 물론 교합하는 때의 환경이나 정신적·심리적 자세 등도 포함되지만 그보다 앞서 준비된 정자가 건강한 상태에서의 좋은 씨앗인가 하는 점도 빼놓지 못할 문제이다. 한 번 접합된 수정란은 분열이 시작되며, 형성되어 가는 생명의 전환은 불가능하다. 전술한 대로 정자와 난자가 결합하여 수정되는 순간에 입력되는 생명력은 대단하다. 이것을 기력, 활력, 적응력, 진취력, 인내력 등으로 구분해 보지만 이 모든 능력의 발생이 원천적으로 결합되는 순간에 시작이 된다니 훌륭한 임신이 무엇이며 그것을 위한 남성의 노력이 어떠해야 하는가는 자명해진다.

이것은 형이하학(形而下學)이나 형이상학의 경우를 막론하고 적용된다. 동물적·신체적인 면이 있으면 정신적·심리적인 영향도 배제할 수는 없다. 그래서 이것을 잘 수행하는 방법으로 절제와 삼가는 자세를 든다. 물론 그 이전에 적극적이고 긍정적으로 의미를 수용하는 태도도 중요하다.

기형아의 원인이 남성 쪽에 있다고 보지는 않지만 전혀 무관하지는 않으며 그중 일부는 남성의 태교 인식 부족에서 연유한다고 생각한다. 양반의 씨앗 이야기는 유전의 의미이며 태교와는 무관하다. 또 선택에 있어서도 좋은 씨 100개를 놓고 고르면 그중에서도 우열을 가릴 수 있고, 심을 때 잘 심고 가꾸기를 잘해야 소기의 바라는 바를 거둔다는 정몽주 모친의 『명심기』를 보면 좋은 비유가 있다.

그래서 남성은 훌륭한 잉태를 시킬 의무를 진다. '남성의 태교'는 그것을 지키기 위해 필요한 것이며 이 일을 성공적으로 실천하기 위해 우선 상대방의 신체적 조건, 생체 리듬의 흐름을 알아야 한다. 그리고 여성의 생리일에 맞춰서 합궁할 좋은 날을 알아 두고 그때까지는 절제와 근신하는 자세로 생활하다가 그날을 맞아야 한다는 것은 옛날 명문가에서 훌륭한 자손을 보기 위한 방법이었음도 새겨 두자.

이것을 또 우리나라 종교적인 측면에서 살펴보면 어느 종교나 인간 발생을 중요하게 여기지 않은 곳은 없다. 그래서 어떤 방법을 실천하고 있나 좀 더 깊숙이 알아보니 모 종교단체에서는 실천적 지침을 기술하기도 했고, 또 어떤 곳에서는 결혼 후 얼마 동안은 부부가 별거하며 살다가 일정한 기간에 합궁하는 날을 정해 놓고 45일 이전부터 모든 활동을 일체 중단하고 목욕재계한 후 근신(삼가)하며 첫날밤을 준비하는 종교도 있다.

이것은 잉태의 태교라고도 할 수 있는 부분으로 생명 창조의 깊은 의미를 내포한다. 종교의 목적이 일반 사회의 그것과는 좀 다른 데가 있는 것도 사실이지만 발생을 엄숙히 그리고 경건히 바른 자세로 해야 한다는 방법론이 같다는 데서 맥이 통한다.

옛날 군주시대에는 임금님의 씨가 따로 있는 것으로 전해져 왔고 조선시대만 하더라도 양반은 양반 씨가 따로 있는 것으로 사회기강을 잡아 왔다. 기문·기풍을 찾는 것은 무엇을 보고 배웠는가, 그의 성품은 어떠한가를 알아보자는 의미이다. 그러나 현대 사회에서 더욱이 태교를 전문으로 연구하는 입장에서 씨에 대한 것을 깊이 파고들면서 유전의 의미, 씨에 대한 의미에 반론을 제기하지 않을 수 없다.

'종두득두'라고 수박씨는 수박을 만들고 오이씨는 오이를 만드는 것이 이상할 것은 없다. 그러나 맛있는 수박, 잘된 오이를 만들기 위해서는 심고 가꾸는 정성이 제일이지 1등품이냐 2등품이냐 하는 데에는 의미가 없다고 본다. 이것이 유전과 환경설의 차이다.

물론 좋은 씨를 뿌리고 잘 가꾸면 금상첨화라 할 수도 있지만 그건 이상론이고, 변화무쌍한 것이 삶이며 다양화되고 다원화된 현실에서는 그런 원칙론은 별 의미가 없다. 설혹 2등품 씨앗이라도 기름진 밭에 뿌리고 잘 가꾸려는 노력이 가해져서 좋은 결실을 보는 데에 더 큰 의미가 있다.

더욱이 임금님의 자손이 임금이 될 자질을 갖추었다는 의미도 씨

보다는 오히려 그런 인간으로 만들려고 경주한 온갖 노력에 가치를
부여할 수 있다. 이는 왕자를 위해 간택을 할 때부터 엄격하고 섬세
하며 이목구비·체형의 생김새까지도 염두에 두었기 때문이다.

가례를 올린 다음, 합궁(첫날밤)을 치르는 데도 택일을 하였는데 심
하게는 '씨받는 날'이라는 용어까지 있을 정도였다. 그뿐 아니라 삼가
야 할 환경, 먹는 음식, 필요한 여건 등을 만들어 주었으며 임신이 확
인되면 열 달 동안 철저한 태중 교육을 시키는 점도 매우 정확하게
지켜졌다. 왕손의 자질을 만드는 데 할 수 있는 노력은 다했으며 이
는 어떤 특정한 씨보다는 환경이 큰 작용을 했음을 입증시켜 준다.

출산 후에도 나라 안에서 손꼽히는 훌륭한 석학들을 뽑아 훌륭한
교육을 맡게 했으며 왕통을 계승하기에 알맞은 교육을 시켰다. 그래
서 직분을 맡으면 잘 수행할 수 있었던 것이다. 아무리 좋은 씨라도
세력과 영욕의 갈등의 와중에서 멀리 섬에 유배되었다가 복귀하여
왕통을 계승한 강화도령 등이 바람직한 선정을 베풀지 못했던 일을
역사에서 볼 수 있다.

그래서 태교에서 씨론을 부정하지는 않지만 큰 의미를 두지 않는
다. 설혹 1등품 씨라도 잘 가꾸려는 노력이 없으면 좋은 열매를 맺을
수 없는 것처럼 2등품 씨라도 잘 가꾸자라는 뜻이다.

미국의 유전을 연구하는 팀에서는 아직도 씨와 밭 이야기가 계속
된다. 그러나 그것은 선택부터 잘해 보자는 노력이요, 최고의 인간을
만들어 보자는 특수한 노력이다. 그러나 수학공식 같은 이 실험은 성
공하지 못한 것으로 알려지며, 잘못된 인간을 원천적으로 규명해 보
자는 노력은 환경의 영향으로 귀결되어 간다.

또 다른 한편에서는 동식물 실험으로 다른 인자와 접합을 시켜 새

로운 식물, 병에도 강한 식물을 만들어 보자는 실험과 젖소 같은 것은 한 마리에서 여러 마리의 새끼를 한 번에 출산시키는 실험, 크고 좋은 소의 종자를 얻어 좋은 소를 한 번에 양산해 보자는 노력이 있다. 하지만 돼지 종자 중 외국산으로 '바크샤'라는 하얗고 큰 돼지가 우리나라에 들어와 있지만, 비계만 많고 고기 맛이 신통치 않은 것으로 보아 한 가지 목적이 달성되더라도 다른 문제를 낳는 것이 아직도 미숙한 유전 공학이다.

이는 키를 크게 하려고 한국 사람들이 영양식을 잘했더니 일부에선 신장이 향상되기도 했지만, 다른 한편에선 비만아가 속출한 현상과 같다. 변화의 물결을 타고 우리는 여러 가지 실험의 도구 혹은 대상이 될 일이 있지만 제자리를 찾는 일도 중요하다.

서양의 멜론이 우리나라에서 발을 못 붙이고, 밤도 개량종이 크기는 하나 토종밤보다 맛이 못하며, 호두며 고추며 쌀·콩 등 여러 가지가 지역에 따라 나름대로 특성 있게 자라나고 있다. 양산하겠다는 노력과 맛도 좋게 하는 일이 병행되지 않을 때는 변형된 발전만이 존재한다.

수박씨는 수박을 만들고 오이씨는 오이를 만드는 것이
이상할 것은 없다. 그러나 맛있는 수박, 잘된 오이를 만들기
위해서는 심고 가꾸는 정성이 제일이다.

여기서 우리는 어떤 것을 택할 것인가를 과제로 안게 된다.

씨의 선택이 잘못된 것은 아닐지라도 남녀의 만남에 그런 조건만 내세울 수도 없는 일이며, 최선의 방법이 아니라고 차선의 방법을 포기할 수도 없는 일이다. 사랑과 존경 없이 씨만을 앞세울 수도 없는 일이며 선남선녀의 만남이 검은 머리 파뿌리 되도록 동고동락을 맹세한 사이라면 인간의 가능성은 오직 환경의 영향이라는 태교를 깊이 새겨서 태교가 최선의 방법임을 잊지 말자.

모범적인 여성상이며 훌륭한 어머니상인 역사상의 인물들도 모두 태교에 역점을 두었으며 그로 인해 좋은 결과를 얻었다는 사실을 명심하고 행복하고자 한다면 열심히 태교를 실천하는 일만이 남아 있다.

모판에 볍씨를 뿌린 후 현미경으로 발근(發根)하는 현상을 관찰해 본 결과 볍씨가 뿌리를 내리기까지 많은 이동이 있었다. 볍씨들은 자신이 뿌리 내릴 마땅한 장소를 찾느라 마구 움직이는데, 작게는 1~2cm에서 크게는 10cm까지 움직였다.

뿌리 내릴 자리가 따로 있는 거라는 의심이 들겠지만 볍씨에도 뿌리 내릴 자리가 있다고 한다.

볍씨 껍질은 딱딱한 표피로 생각되지만 현미경으로 보면 무수한 털이 있어 그것을 작동하여 움직이는 데 적합한 자리를 찾으면 조용히 그리고 신속하게 뿌리가 돋아난다.

볍씨를 자세히 보면 몇 개의 각(角)이 져 있는데 이것은 봄·여름·가을·겨울을 견디어 내느라고 생긴 모습이다. 그래서 모가 뜨거운 태양 빛이 내려 쪼이거나, 차가운 바람에도 용케 견디며 자라나는 것은 그 씨가 내후성이기 때문이다.

가임 태교의 중요성이 바로 여기에 비유된다. 원천적으로 잘 만들어진 생명이라야 어떤 경우에도 꿋꿋이 자라나며, 그러기 위해서는 좋은 뿌리가 내려질 여건조성이 중요하다. 뿌리는 아무데나 아무렇게

나 내리는 것이 아니고 내릴 만한 곳, 내려서 이상이 없을 만한 곳을 찾아 내리는 것이라고 믿어진다면 좋은 여건이란 씨가 아닌 환경을 의미한다.

하물며 인간이라면 씨 뿌릴 곳을 찾아 씨를 뿌려야 하고 또 밭은 뿌려진 씨라고 함부로 뿌리 내리게 할 수 없다. 옳게 뿌려진 씨, 받아 들일 수 있는 씨가 뿌리 내릴 수 있게 해야겠다.

모판의 볍씨가 왜 그러는지 이유는 알 수 없으나, 대자연의 섭리가 아닌가 한다. 인간사회의 시대의 변화 속에서 자연을 극복하고 보다 문명화하려고 모든 노력을 기울이지만 생과 사, 태어나는 것과 죽는 것은 과학도 아직 극복하지 못하고 있다. 겨우 태어나지 않게 하는 피임이나 생명을 조금 연장해 보려는 노력, 아픈 부위를 고치는 노력은 진전을 보였지만 근본적이고 확실한 생과 사는 아직 풀지 못하고 있다.

이런 데서 생명에 관한 가능한 노력은 보다 좋은 여건과 좋은 영향을 주고자 힘쓰는 것 즉, 태교라 할 수 있다.

태교는 훌륭한 임신과 옳은 태중 영향이 주가 되며 그전의 미혼여성의 지식과 그 후 출산과 육아는 부수적인 것이어서 신혼부부가 당면한 문제는 어떻게 하면 훌륭한 임신을 할 수 있을까 하는 데 따른 잉태의 태교라고 말할 수 있다. 따라서 모두 훌륭한 임신을 위하여 노력하고 올바른 환경을 조성하도록 힘쓰자. 이것이 신혼부부가 지켜야 할 생활수칙인 것이다.

제3장

과학이나 의학에서 밝힌 것들

　건강을 유지하고 태아에게 맑은 피, 건강한 피를 제공하려면 테레빈 향기가 듬뿍 있는 '산림욕(山林浴)을 하라'고 권한다.

　그것은 울창한 숲 속의 푸른 침엽수에서 건강이 활력소인 테레빈이 분출되기 때문이다. 맑은 공기 속의 테레빈 향기는 독특한 건강의 회복 기능이 있어 병이 있는 사람에겐 회복을 시켜 주고, 일반인에겐 건강 유지를, 또 병의 예방에도 큰 효과를 준다. 그래서 정신적 안정을 요하는 사람, 피로회복을 요하는 사람, 문명병 등에서 해방되고자 하는 사람들은 반드시 찾아가야 한다고 알려지고 있는데, 두 몫을 마셔야 하는 임부에게는 더욱 필요하다.

　물론 임신 초기나 말기의 낙태·유산·조산 등의 우려가 있는 시기는 피해야 하지만, 태아가 안착하고 무럭무럭 자랄 때는 건강한 아기, 영특한 아기를 만들기 위하여 조심하며 위험이 없는 숲 속으로 가서 삼림욕을 하는 것은 좋은 일이다. 많은 장애아 중 뇌성마비는 태아의 뇌 산소 부족으로 발생하는 질환이기 때문에 이의 예방이 아주 중요하다.

　테레빈이란 타감물질이라고도 말하며 일종의 정유(精油)로서 발산한다. 우리나라의 산에 많이 심어진 소나무·잣나무 등의 침엽수에서 많이 분출되는데 송편을 만들 때 솔잎을 얹고 찌는 이유도 향긋한 냄새와 여기서 나오는 정유가 곰팡이 같은 미생물의 생육을 막아 주는 역할을 하기 때문이라는 것이 과학적으로 입증되었다.

정유는 나뭇잎에서만 나오는 것이 아니고 줄기나 껍질에서도 나오며 낙엽에도 상당량이 함유되어 있다. 그래서 숲 속은 우리가 필요로 하는 향기의 보고라고 할 수도 있다. 정유의 약리적 효능은 피부자극제·소염제·소독제 등이고 신체적으로 신경안정·해방감·피로해소 등을 시켜 숲 속에 들어가면 기분이 상쾌해지는 원인도 여기서 오는 것이라 한다.

정유는 우리의 생활용품에도 많이 첨가되어 있는데 여성들이 많이 쓰는 화장품, 어린이들이 좋아하는 과자류 등에도 들어가고 기호식품의 향료, 항생물질, 살충제 등에도 쓰이며, 공업용 원료에도 많이 쓰이고 있다. 정유는 가용성 리포이드이기 때문에 코, 입, 후두, 간, 장과 피부에선 흡수가 빠르다. 또 생리작용에도 영향을 미치고 기관지 기능을 촉진시키는 작용을 하기도 한다.

이렇게 좋은 테레빈이 숲 속에는 듬뿍 있다. 숲 속의 많은 식물들은 필요한 분비물을 많이 내뿜는데 그중에서도 활엽수보다 침엽수는 테레빈을 2배 이상 내뿜는다. 상처가 나거나 박테리아의 침입이 있을 경우에는 자신을 보호하기 위해 평소보다 많은 테레빈(타감물질)을 발산하는데 이것이 우리에겐 보약보다 좋은 활성탄이다.

늦가을이나 겨울에도 산에는 테레빈이 있다. 떨어진 낙엽에서도 테레빈이 발산된다고 하니 혹이라도 몸이 무거워 산에 갈 수 없는 임부들은 떨어진 낙엽 속의 침엽수를 모아 방의 바구니에 담아 두는 것도 지혜라 하겠다. 가급적 싱싱한 것이라면 더할 나위 없이 좋을 것이다.

산을 푸르게 하고 심어진 나무를 잘 가꾸어서 우리에게 필요한 테레빈을 공급하고 아름다운 메아리와 즐거운 한때를 보낼 수 있었으면 한다. 무엇보다도 중요한 것은 체하지 않고 마음껏 마실 수 있는 것이기에 테레빈 향기를 마시는 생활 습관을 기르자.

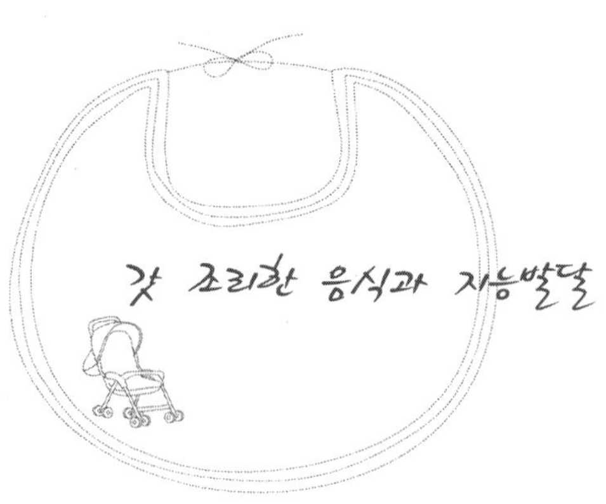

갓 조리한 음식과 지능발달

자녀의 지능발달을 위해 걱정을 많이 하는 엄마들에게 희소식이 있다.

음식물과 지능지수와의 관계를 연구하는 과학자들의 보고에서 갓 요리한 음식과 인스턴트식품이 아동들의 지능지수와 활동력에 아주 다른 영향을 준다는 결과가 나와서 많은 엄마들의 관심의 대상이 되고 있다.

지난해 뉴욕의 어린이 80만 명을 대상으로 그동안 인스턴트식품으로 급식하던 것을 갓 조리한 음식으로 바꾸어 먹인 결과 그해 국가시험에서 성적이 15%나 향상됐다고 한다.

이 같은 결과에 놀란 학자들이 여러 측면으로 연구해 보니 열량은 많고 비타민이나 무기질이 적은 인스턴트식품은 사실상 좋지 않은 영양 상태를 초래해 뇌기능이 저하한 것으로 분석되며 이로 인해 지능이 떨어졌다고 보고되었다.

캘리포니아의 쇼엔달러 교수와 생물사회학 연구소의 쇼스 박사가 수년간 실험한 「식품이 지능과 성적에 미치는 영향」이라는 연구에서도 규명하고 있듯이 첫해는 흰 빵, 케이크, 비스킷, 스낵, 설탕이 첨가된 음료 등을 먹이던 것을 도정하지 않은 밀과 과일, 주스 등으로 바꿔 먹인 결과 학생들의 성적이 무려 8%나 올랐으며 다음 해에는 열량과 조미료를 대폭 줄인 결과 성적이 또 4%나 올랐다는 것이다.

여기서 쇼엔달러 교수팀은 설탕과 조미료가 직접 지능에 영향을 끼치는 것보다는 오히려 비타민이나 무기질이 없는 식사가 어린이들 공부에 의욕과 활동력을 감퇴시키는 것이라고 지적하고 있다.

또 다른 연구로는 달란드 대학의 로버트 교수팀이 20명의 어린이를 대상으로 10명 정도에겐 비타민과 무기질이 있는 조리한 음식을 제공하고 나머지 10명에겐 인스턴트식품을 제공한 결과 1년 후에 나타난 양측의 지능지수는 8점 정도의 차이를 보였다고 보고했다.

이것은 미국 어린이들을 대상으로 하여 조사된 것이나 여기서 확실한 것은 인스턴트식품은 뇌기능을 떨어뜨리고 갓 조리한 음식은 지능발달에 좋다는 것이 밝혀진 것이다. 그것도 음식을 바꿔 먹인 결과 성적이 상당히 올랐다는 결과보고다.

이렇게 볼 때 영양소와 지능과의 관계에서 가공 판매하는 음식보다는 신선한 음식 쪽이 어린이 지능에 훨씬 좋으며 그것도 부모가 직접 조리하여 먹이는 것이 보다 효과적이라는 입증을 한 셈이다.

그러면서도 당분이 덜 포함된 음식이 지능을 좋게 한다는 새로운 발표가 있고 보니 요즘의 간편한 음식을 즐기는 생활방식에 좋은 충고가 될 줄 안다. 또 임신부에겐 좋은 경종이며 임부는 되도록 가정에서 손수 만든 식사를 섭취함으로써 영특한 2세의 지능발달에 소홀함이 없어야 할 것으로 안다.

우리나라는 예부터 슬기롭게 발효식품을 저장하였고, 철따라 나오는 신선한 야채, 과일, 생선류를 직접 조리하여 섭생을 하게 했다. 어떤 사람은 원시적이요, 미개한 생활방식이란 말했지만 실제로는 과학이 증명하듯이 아주 훌륭한 방법이요, 오랜 전통에서 얻어진 경험의 산물이었음을 다시금 느끼며 이제부터라도 시대에 맞지 않는 것만 개선한다면 세계에 자랑할 만한 음식도 꽤 있다고 본다.

김치가 일본이나 미국에서 인기식품이 된 것은 이미 아는 바요, 콩나물, 두부 등도 미국에서 인기가 높아 가고 있다는 소식은 현대화라는 의식 속에 도사린 개악(改惡)이 없지나 않은지 되새겨 볼 좋은 기회이다. 산모는 앞으로 전통적인 자연식을 즐기도록 노력하자.

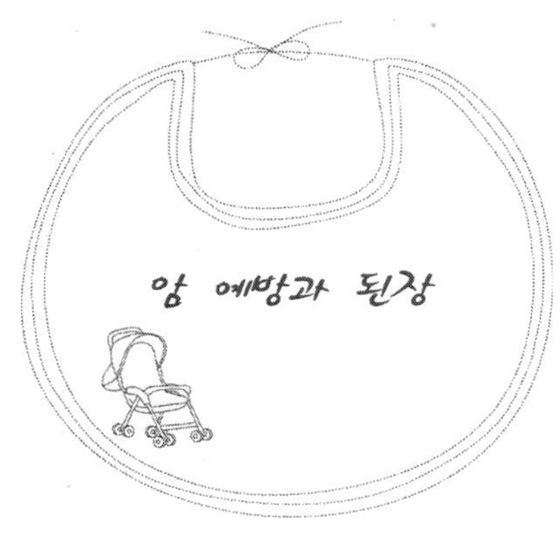

　　우리나라 음식 중 된장이 몸에 좋을 것이라는 믿음은 젊은이들을 제외하고 누구에게나 있다. 그러나 된장의 어떤 점이 왜 좋은가를 아는 사람은 그리 많지 않은 것 같다.

　　된장을 만드는 방법은 조상 전래의 훌륭한 지혜지만, 과학적으로 분석되고 세균학적으로 이론이 정립되지 않아서 그 특유의 발효 이유를 설명하지 못했다.

　　한동안 김치가 영양이 없고 섬유질이어서 소화에 나쁘다고 하던 것이 식물성이요, 발효음식이라서 좋다는 판별이 나고, 미국 사회의 선풍적인 기호음식이 되었다는 사실에서 우리는 자긍심을 느끼게 된다. 또한 미국 사람들이 고민하고 있는 동맥경화, 비만, 당뇨, 고혈압, 심장병, 암 등 6대병을 예방하는 좋은 음식이라 하여 김치공장의 재고가 동이 났다니 우리 조상의 슬기에 자못 감탄하게 된다. 전에는 없던 암이 번창하여 우리를 괴롭히는 요즘, 금번 암 연구에 몰두하던 연세대학교 정 교수에 의해 된장이 암 예방에 좋다는 발표가 있었는데 된장에도 새 장이 열릴 것을 기대한다.

　　된장은 만들 때부터 정성이 많이 드는 음식이다. 밭에서 나는 고기라 불리는 콩을 주원료로 콩을 끓여 익히고 쪄서 일정한 크기로 말리고 곰팡이가 생기게 발효시킨 다음 이것을 다시 쪼개서 햇볕에서 살균시킨다. 그러고 나서 이를 빻아서 소금물과 섞어 독에 넣고 일정기간 저장한다. 이것이 재료로 뚝배기에 보글보글 끓여서 찌개도 만들고, 양념해 놓고 야채를 찍어 먹기도 하며 상추를 싸먹기도 하는 구수한 양념이다. 된장은 모든 조리를 하는 삼대 요소인 간장, 된장, 고추장의 기본이 되기도 한다.

그런데 요즘은 서구화된 식사 패턴으로 뒷전으로 밀려나는 신세가 되고 말았다.

된장은 고단백질에 발효까지 시켰으니 영양 많고 알찬 식품일 수밖에 없다. 장에 필요한 균을 증식시키며 다른 나쁜 균을 억제하지만 잘못 조리하면 역한 냄새를 풍기고, 더욱이 서구 음식과는 상극인 냄새로 요즘은 즐겨 드는 사람이 줄었으나 현대의 문명병인 암을 예방하는 데 된장이 좋은 음식이란 획기적 발표가 있고 보니 고유의 전통적 음식인 된장에 대해 관심이 높아진다.

1969년 미국국립보건연구원 크랜 박사팀은 메주에서 '아플라톡신'이라는 발암 물질이 추출됐다고 했다. 그러나 요즘 연구에서는 이 '아플라톡신'을 무력화시키는 '항산화 물질'이 메주에 있다는 것이 발견됐다. '아플라톡신'은 제2차적 발암 물질로 우리 몸에 들어와서 '에폭시드'형의 화합물로 탈바꿈해야 발암성이 된다. 그런데 이것의 활성화를 억제하는 것인 '항산화 물질'이 메주 속에 있어서 발암을 막아 준다는 것이 밝혀졌다.

메주가 92%, 된장이 43%, 간장이 25%의 효능을 가지고 있는데 메주도 재래식 메주가 더 높은 효능을 보인다. 또 메주가 갖고 있는 발암억제 능력은 실제로 자동차 매연, 탄 불고기에 들어 있는 '벤조피렌'이란 발암성 물질에도 항암성을 발휘하여 '아플라톡신'에서 얻은 것과 같은 효과를 얻었다고 한다.

이는 1969년에 크렌 박사팀이 땅콩의 곰팡이에서 얻은 '아플라톡신' 연구보다 한 단계 높은 연구로 이것을 무력화시키는 물질이 메주 속에 있음을 발표한 것이다. 여기서 우리는 조상의 슬기와 잃었던 우리 식품의 우수성에 눈을 떠 많이 애용해서 현대병이라는 암 정복에 노력해야겠다.

또한 이를 태교책에 넣는 이유는 전통 태교에 '금기음식'이 많이 나오는데 이것을 과학으로 분석하지 않고 와전시키는 자세에 조금이나마 정종이 되고자 하는 뜻이다.

'구슬이 서 말이라도 꿰어야 보배'라고 훌륭한 유산이라도 잘못 알면 일을 그르치기 쉬우므로 한 가지라도 전통 음식이 우리 몸에 왜 좋은지를 아는 것은 신혼 여성이 알아두어야 할 일이라 느껴 소개하는 것이다.

아무리 서구화·간편화된 사회라 해도 전통음식을 좋아하는 부모님에겐 그것을 맛있게 요리해서 권하는 신부가 귀여움을 받는 며느리이며 사랑받는 아내가 될 것이다.

또 아무리 현대화된 사회라 해도 우리는 한국 사람이며 한국 사람에겐 한국 음식이 기본인 것을 잊지 말아야 한다. 그 좋은 된장, 고추장을 장독대에서 떠나게 하지 말고 수백 년 수천 년을 내려오면서 전해진 전통음식에 내포된 의미를 되새기자는 뜻이기도 하다.

잘 새겨두어 우리 것이 자랑되도록 하고 이제부터라도 구수한 된장을 맛있게 조리하여 즐거운 식생활로 건강을 지켜서 무서운 문명병인 암을 퇴치하도록 하자.

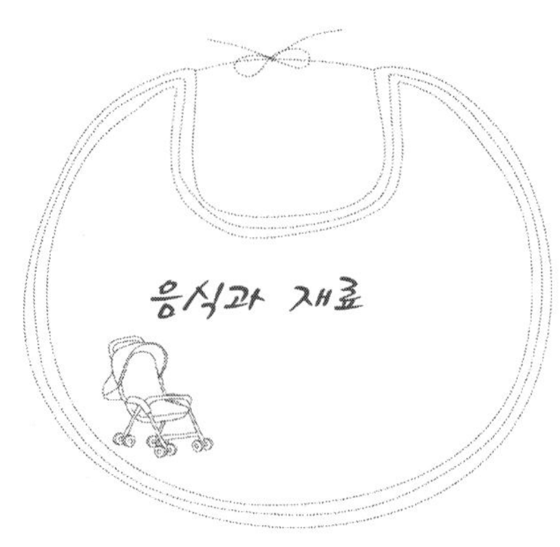

일반적으로 우리나라 음식은 솜씨가 있어야 맛이 난다고 한다.

그러나 시대가 변하고 음식이 변하다 보니 맛도 원료도 솜씨도 변해 간다. 그래서 음식 솜씨가 없는 사람이 살기 좋은 세상이 됐다고 좋아하지만 막상 여성이 집에서 음식 솜씨 한번 내보지 못하고도 여성이라고 할 수 있을까 하는 반발도 있다.

더욱이 요즘 서구화의 잘못으로 빚어진 영양의 불균형, 인스턴트 식품의 첨가제 등에서 많은 문제가 제기되고 있고, 임신부는 태아를 위해 옳은 영양, 자연식품, 필요한 수분을 섭취해야 하는데 식수에까지 시비가 생기고 보니 집에서 주부가 만들어 준 맛있는 음식을 먹고자 하는 가족의 마음은 당연한 것이라 본다.

그래서 음식을 재료나 원료 면과 비교하여 살펴보니 우리가 알고 있는 상식을 훨씬 넘은 다른 일면을 발견할 수 있었다.

가령 밀가루는 끈기가 있어야 좋다고 하는데 좋은 밀가루는 원래 탄성력이 강하다. 하지만 좀 질이 낮은 밀가루도 반죽을 잘하면 끈기가 생긴다는 것을 아는지…….

솜씨는 이럴 때 나타나며 여기에 지혜와 노력이 필요한 것이다. 별

다른 재료가 아님에도 맛있고 쫄깃쫄깃하게 만들었을 때 그것이 칭찬의 대상이요, 건강비법인 것이지, 좋은 재료, 많은 양념을 넣어 만든 음식만이 좋다는 사고방식은 천한 사람의 잘못된 생각이라 할 것이다.

이것을 마치 도자기 빚을 때와 비교해 생각하는 사람도 있다. 좋은 도자기, 청자, 백자를 빚는 비법으로 먼저 원료의 특수성을 생각하기 쉬우나 그렇지 않다고 한다. 좋은 도자기는 빚는 사람의 정성에 깊은 관계가 있으며 그것을 정심이라 한다.

또 빚어서 가마에 넣고 불을 지피기 전에는 꼭 목욕재계하고 고사를 지냈으며 바른 자세가 되었을 때에 불을 지핀다고 한다. 그러기까지는 일체의 요사한 일과의 접촉도 삼가며 성과 열을 다해서 일을 한 나고 말하는 것을 들었다.

이렇게 볼 때 좋은 도자기도 좋은 원료인 흙으로만 빚는 것이 아니라고 지적하며, 여기에 쓰인 솜씨가 다른 것은 5년, 6년을 같이 배웠어도 마음이 닮지 않았기 때문에 같은 작품이 나오지 않는다는 이야기도 있다.

이렇듯 도자기나 음식 등 깊은 정성을 요하는 것은 역시 원료나 재료보다는 솜씨나 마음씨가 요구되고, 이렇게 해서 만들어진 도자기는 빛이 나고 고귀한 물건이 되며 정성을 들인 음식이 살로 간다고 어머님들은 말씀하신다. 아무리 좋은 음식을 사 먹어도 곧 배가 고프거나 현기증이 나고 건강에 이상이 있을 때가 있는데 그 이유는 정성과 연결된다.

이것을 과학적으로 어떻게 증명해야 할지 모르겠지만 역시 사랑과 정성이라는 보다 높은 차원의 초자연적인 현상으로 풀지 않으면 안 된다.

여성의 임신도 같은 이치, 같은 맥락에서 생각해야 할 것이다. 잘 가꾸어야 한다는 이치의『태중명심기』를 쓴 정몽주 어머님의 글에서 는 식물도 아무리 좋은 씨앗을 뿌렸어도 정성껏 가꾸지 않으면 잎에 빛깔도 안 나고 시들시들하거나 잎만 무성하지만, 열심히 공들여 가 꾸면 꽃이 피고 열매가 맺는 것은 가꾸는 사람의 정성이라고 말했다.

이렇듯 음식도 원료의 문제보다는 더 정교하고 숙달된 솜씨와 먹 으면 살과 피가 되게 하는 정성이 아닐까 한다. 모든 아내는 그래서 자랑스럽고 고마우며 어머니도 훌륭한 분으로 모시게 되는 것이다. 신혼부부는 아무쪼록 신혼의 꿈을 버리지 말고 늘 기뻐할 수 있는 생 활을 설계하기를 바란다. 행복으로 삶을 풍부하게 하는 것이 여러분 의 지혜이기에 여기서는 음식에 관하여 살펴본 것이다.

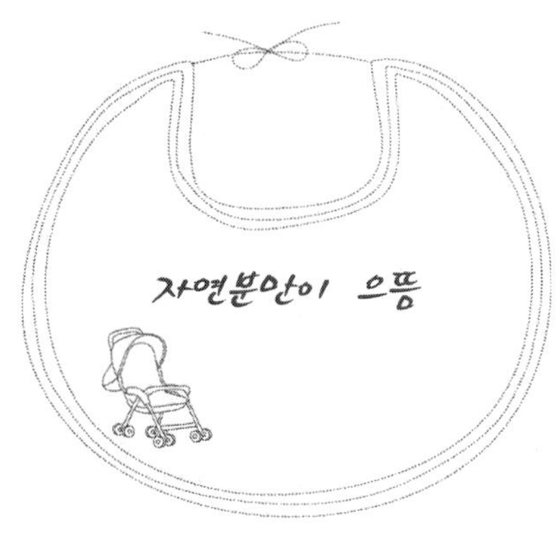

출산할 때 현대 의술은 임부의 통증을 줄이고 분만을 쉽게 하기 위해서 칼을 댄다. 그러나 특수한 경우를 제외하고는 절개하거나 꿰매는 일이 자연분만과는 다르다는 지직이 높아지고 있다.

그것은 칼을 임부의 몸에 댈 때부터 일어나는 현상이 태아에게 영향을 미치는 것을 생각해 보면 알 수 있다. 또 수술 뒤에 놓는 주사(마이신 등) 때문에 젖이 잘 안 나온다든가 젖이 나와도 얼마 동안은 아기에게 먹이지 못할 무용지물이 된다는 것을 보았을 때 자연분만과 인공분만의 차이는 엄청나다. 인공분만한 어느 산모가 아기에게 젖을 먹였다고 가정해 보자. 임산부의 절개부분이 곪지 않도록 주사한 마이신은 아기에겐 아무 필요도 없는 쓴맛 아니면 해로울 수밖에 없는 물질(화학성분)일 것이다. 설혹 독은 아닐지라도 젖이 맛없을 것임은 뻔하다.

그래서 요즘 임산부들은 우유가 제일이라며 우유병부터 준비한다지만 우유에도 첨가제가 있고 농약으로 자란 풀을 먹은 소나 병이 난 소에게도 주사나 약이 쓰이므로 결과는 마찬가지이다. 아무리 영양가가 높다 해도 모유보다는 여러 가지 면에서 부족하다. 이는 모유 먹이기 캠페인을 하고 있는 것을 보면 알 수 있다. 출산을 앞둔 여성들은 가급적 모유를 먹일 수 있게 출산해야 하며 그중에서도 초유는 값진 것이라는 점을 잊어서는 안 된다.

즉, 최선의 방법은 음식을 적당히 가려서 섭취하고 태중의 아기를 작고 단단하게 영특하게 키우는 방법을 찾는 것이다. 그렇게 하면 출산도 쉽고 제왕절개도 필요 없고 마이신 같은 주사나 약은 무용지물이 될 것이다. 따라서 아기가 필요로 하는 엄마 젖은 충분하게 아기 몫이 되어 아기가 튼튼하게 자랄 것이다. 그리고 초유를 먹이기 때문에 병에 대한 내성이 길러지며 엄마 품 안에서 익숙한 엄마의 심장고동 소리를 들으며 따뜻하고 포근한 휴식을 취하여 건강하고 씩씩하게 커 갈 것이다.

이런 것이 모두 순리를 따르는 최선의 방법이다.

엄청나게 발달했다는 20세기의 인간이 4천 년 전에 만들어진 이집트의 피라미드를 보고 재현이 불가능함을 느낀다면 과연 우리는 발달을 한 것인지 퇴보한 것인지에 대하여 의심스럽다. 현대 과학으로 많은 새로운 경험과 결과를 얻었다고 반론할 수도 있겠지만 인간의 출산방식이 발전된 것인가에 대한 의문에는 이론이 분분하다.

단지 여기서 지적하는 것은 복고풍이 아니라 과학을 재조명해 보자는 것이니 바른 결과를 낳을 수 있는 방법을 찾는 데 노력해야겠다.

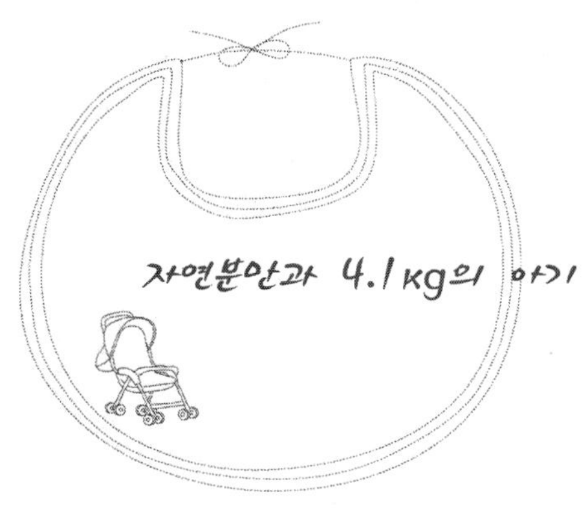

　사회교육기관에서 예절교육으로 유명한 분이 있다.

　하루는 그 원장께서 자신의 자부에게 부탁할 말이 딱 한 가지만 있으면 좋겠냐고 했나. 그래서 연유를 물으니 자부가 현재 임신 7개월째 접어드는데 일러 둘 말이 없겠느냐는 것이었다. 그래서 출산 때 제왕절개는 가급적 피하는 게 좋겠다고 말했다.

　임신 중 섭생의 문제, 영재아 만드는 방법, 태교 음악, 적당한 운동, 신선한 공기와 물의 섭취 등 중요한 점이 많지만 간호학을 전공한 임부라 하기에 웬만한 것은 알 것이라 보고 오히려 의학적인 부분에서도 잘못 인식되고 있는 점을 지적했다.

　요사이 많은 임부들이 무통분만이라 하여 제왕절개를 선호하고 있다지만 과학 분야의 발표를 보니 필요한 사람이 아니면 자연분만이 보다 더 좋은 것으로 밝혀지고 있다고 통계와 더불어 설명했다.

　그 후 몇 달이 지난 후 기쁨과 더불어 깜짝 놀랄 만한 소식을 접하게 되었다. 그것은 자신의 자부가 며칠 전 병원에서 자연분만으로 무사히 출산을 했는데 떡두꺼비 같은 옥동자를 낳았으며, 아기 체중이 4.1kg이나 되었다는 것이다.

요즘 알려지기는 3.5kg이 되면 거의가 제왕절개를 하는 것으로 전해지는데 내 손자는 4.1kg이 되는데도 자연분만으로 출산했으며 병원에 달려가 보니 의사들이 무사하고 성공적인 출산이라고 자랑까지 하더라는 이야기를 덧붙였다.

그리고 자연분만에 관한 그때의 조언이 큰 도움이 되었다며, 자신도 아기가 출산할 때 칼을 댄다는 건 어떤 의미로나 좋다고 할 수 없었는데 참으로 자랑스럽다고 했다.

그때 그 이야기를 해 줬더니 며느리가 시아버님의 간곡한 말씀이니 어긴다는 것은 불효막급이라 느껴 출산 때 의사 분들께 "내 생명에 위험이 없는 한 본인은 꼭 자연분만을 해야겠습니다"라고 했다 한다. 의사들도 최선을 다한 결과 4.1kg이나 되는 아기를 무사히 자연분만시키지 않았겠느냐며 무척 기뻐하는 것을 보았다.

여기서 다시 생각해 보니 사람에 따라 체질에 따라 각자 다르겠지만 임신을 눈앞에 둔 신혼부부나 출산이 임박한 분들에게 전해 줄 근거 있는 일례라 생각되어 기술하는 것이다. 지금껏 잘못될 수 있는 소지를 밝히며 예방법을 근원부터 파헤치기는 했으나 실제적인 결과를 원하는 시대이므로 사실 과학의 경험을 예로 든 것이다.

과학이나 의학이 첨단으로 발전하고는 있으나 근본적으로 어떠한 방법이 좋은가를 알지 못한다면 임부는 불안하여 안정된 심신을 유지하지 못하기 때문에 출산의 좋은 방법을 알게 하여 그들을 불안으로부터 편안한 상태로 유도해야 한다는 것이 태교 전문가로서의 입장이다.

확실한 통계는 계속해서 작성되겠지만 내일이라도 그런 경우에 접하게 되는 분을 위한 조언이다. 절대적이라 할 수는 없다고 해도 확실한 근거가 있는 이야기이므로 알아두는 것이 좋겠다.

분만은 자연분만보다 더 좋은 방법이 없다. 단지 그전에 자연분만을 할 수 있도록 조치하는 일이 선행되어야 하므로 태교는 여러분의 좋은 벗이 되고자 하는 것이며 그것은 섭생의 지혜와 관계된다는 것을 겸하여 일깨워 주고 싶다.

최근 평택의 어느 병원에서 5kg의 거대아를 순산은 했으나 산모의 입이 돌아가 침을 맞고 있다는 소식이 있었다. 자세히 연유를 알아보니 역시 태교를 불성실히 실천한 데서 온 결과임이 밝혀졌다.

그 첫째는 건강한 아기를 위해 임신 중 잘 먹어야 한다는 지식을 편협하게 알고 있었다는 것을 지적할 수 있다. 임부가 잘 먹어야 한다는 것은 틀림없으나 무작정 잘만 먹었다면 거대아를 만들 요인이 될 수 있다.

둘째로, 잘 먹는 만큼 그에 상응하는 운동이 필요한데 그러지 못했음을 지적할 수 있다. 적당한 운동은 자신을 위해서나 태아를 위해서나 필요한 일이지만 잘 먹어서 아기를 크게 만들어 놓고는 운동 부족으로 커진 아기를 억지로 자연분만이 좋다는 말만 듣고 우겨서 출산했기 때문에 빚어진 결과인 것이다.

셋째는, 자연분만이 최고의 출산방법임에는 틀림없으나 아기는 작게 낳아야 한다는 출산지침을 전혀 들어 보지도 못한 분 같다. 어떻게 그처럼 큰 아기를 분만하고 산모의 건강이 유지될 수 있겠는가? 그러지 않아도 분만 시는 산모의 온 뼈마디가 유리되어 느슨해지고

근육들이 이완되어 산모가 원상회복되기까지는 100일이 걸린다고 한
다. 따라서 그 기간의 산후조리는 엄격히 하라는 가르침이 있는데
5kg의 큰 아기를 출산하고 몸이 성하리라 생각했는지…….

넷째는, 출산에 대한 지식을 제대로 알지 못하고 토막 지식만을 가
진 결과라 할 수 있다. 하나의 생명이 생기고 태중에서 키워져 훌륭
히 탄생되기까지는 많은 잘못될 요인들이 있다. 따라서 이는 단편적
인 지식뿐으로 풍부한 지식을 준비하지 못해서 얻은 당연한 결과요,
이런 일은 다분히 발생할 소지가 있으므로 주의해야 한다.

다섯째는, 여기서도 분별의 지혜를 말하지 않을 수 없다. 자신이
확신하지 못할 때는 남의 이야기를 들어서라도 잘못됨이 없게 하는
분별의 지혜가 필요하다. 이 분의 경우는 가정형편이 넉넉하지 못해
병원비용을 줄이려다 그렇게 되었다는 뒷이야기를 들었으나, 산모나
아기의 생명 중 어느 한쪽의 위험이 있을 뻔한 일로 다시는 이러한
불상사는 없도록 해야겠다.

아무리 자연분만이 좋다 하더라도 가능한 사람과 전혀 불가능한 상
태의 산모가 있다. 정도의 차이는 구분해야 하며 바늘구멍으로 낙타가
통과할 수 없는 것과 같이 아기가 무사히 출산될 수 있는 정도의 크기
는 알고 있어야겠다. 아기가 크면 건강하다는 등식은 성립될 수 없으
며 잘만 먹는다는 것은 거대아의 원인이 되는 것도 알아야 한다.

이상에서는 한 산모의 무지와 소홀을 지적했으나 비용을 적게 쓰
려다 오히려 큰돈이 들어가게 된 딱한 사정을 어느 면에서는 좀 더
일찍 태교를 했었다면 하는 아쉬움이 생기게 한다.

'호미로 될 일을 가래를 쓰게 됐다'는 농사의 격언을 떠올리며, 태
교는 그런 것을 미리 예상하고 대비하는 자세 또는 행복을 놓치지 않

으려는 신혼 여성의 자세라 해도 잘못됨이 없을 줄 안다.

모름지기 훌륭한 어머니가 되는 출발을 값있게 보내자.

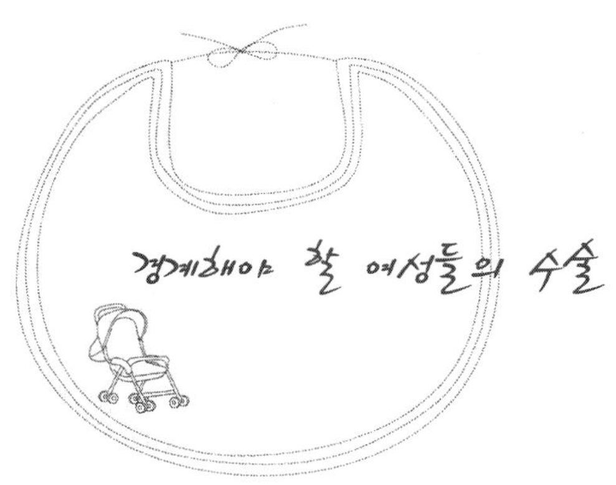

근래에 와서 제왕절개 수술이 유행하더니 이젠 자궁적출·절제 수술, 유방절개 수술, 난소·난관절개 수술 등이 미용을 위한 정형수술과 함께 남용되어 크게 화를 일으키고 있다는 의학계의 보고가 있다.

어떤 질환이나 위험을 방지하기 위하여라는 변명이 그 원인이기도 하지만 절개나 절제를 하지 않아도 될 일을 이젠 '불필요하니까' 또는 '보기 좋게 하기 위하여' 떼어 버리거나 자르거나 하는 일이 많은데 이로 인해 후유증이 발생하고 있으므로 필요한 경우라도 잘 알아서 치료해야 한다는 각성이 일고 있다.

자궁 혹은 자궁 경부를 떼어 내는 자궁절제 수술은 비정상적 출혈이나 섬유질 종양의 경우 자궁탈수, 자궁내막 증식증, 자궁내막 표층에 작은 암이 발생하여 절제하는 경우가 많다. 그러나 이런 경우도 간단한 치료방법이 있다. 그것은 근종절제 수술이나 호르몬 요법 혹은 내시경 레이저 치료법, 자궁암(종기) 부분 제거 수술 등으로 가능한 경우가 있다. 그런데도 난소·난관에는 별 이상이 없으나 자궁 절제와 더불어 이들을 제거해 버리는 일들이 빈번히 일어나고 있고, 방사선 치료와 덩어리 제거로 충분한 경우의 유방암 치료에도 아예 유방절제 수술을 해 버린다는 것은 옳지 않다는 것이다.

제왕절개를 보아도 정상 분만이 가능한 경우인데도 수술을 남용하는 경우가 많다. 이런 경우는 후유증을 유발하게 된다.

만에 하나에 속하는 경우를 우려하여 편하고 안전한 방법을 택한다는 것이 오히려 화를 자초하고 있으니 정말 안타까운 일이다.

요즈음 의학계에서 발표한 자료를 보니 이 기관들은 결코 불필요한 것이 아니라 부득이한 경우를 제외하고는 제거하지 말아야 한다는 것으로 예컨대 자궁은 부부관계에 있어 오르가슴에 도달하는 데 중요한 역할을 수행하며 이것을 제거한 여성들은 성적 만족을 상실하고 있다는 통계를 제시했다. 이것이 가정평화를 깨는 원흉이 아닐는지…….

또 난소는 폐경기 이후에도 항체 호르몬과 에스트로겐(여성의 발정호르몬)을 적은 양이라도 분비하기 때문에 이것의 절제수술을 받으면 성호르몬에 이상이 생겨 좋지 않다는 것이다.

특히 젊은 여성이 난소절제를 받았을 경우에 나타나는 폐경기 증상은 매우 큰 문제이며 혹 에스트로겐을 다른 방법으로 보충해 줌으로써 이상을 방지할 수 있다고는 하지만 이 방법이 유방암을 발생시킬 위험이 있다.

제왕절개의 경우도 산모의 사망률이 정상 분만보다 2~3배나 높다고 하며 출산된 아기도 호흡곤란이 정산 분만보다 높다고 한다.

그뿐 아니라 요사이 유행하는 눈 쌍꺼풀 수술, 콧등을 높이는 수술 또는 미용수술이라는 몇 가지 정형·성형수술이 잘못되어 영영 고치지도 못하는 불구 같은 모습, 일그러진 모습을 가지게 되는 것을 볼 때 한심스러운 때가 한두 번이 아니다.

이상 없이 만족하게 잘 되었을 경우를 제외하고는 스스로 불행의 무덤을 파는 격이 된다. 특히 아기를 임신한 여성이 이런 일을 한다는 것은 태아에게 아주 해로우니 절대 조심하는 것이 좋다.

또한 유행을 따르는 일은 자신이 알고 행하는 일보다 많은 문제를 내포하므로 많은 정보와 사실을 알려고 노력하는 것이 행복의 길로 가는 일임을 명심해야 한다.

과학이 발달함에 따라서 여러 가지 세제가 합성되어 우리를 편리하게 한다.

중성세제, 합성세제, 연성세제 등의 이름으로 나온 세제는 그것을 만들어 낸 회사의 선전에 의해 우리 생활주변 여기저기서 보게 된다. 그런데 이렇게 많이 보급되고 보니 이제는 세제로 인해 생기는 피해에 대해서 적지 않은 연구 발표가 쏟아지고 있다.

하천을 허옇게 덮은 거품현상과 적조현상은 물고기와 미생물을 죽게 한 장본인이며, 완전분해되지 않은 중금속의 오염으로 우리가 마시는 수돗물까지도 위협받고 있다. 세제의 유독 성분은 인체에 큰 장애 요인이 된다는 분석 결과가 나오고 있으며 건강한 사람에게도 적혈구를 파괴하고, 어떤 사람에게는 고혈압의 원인을 제공하기도 한다.

얼마나 무서운 현상인가. 이를 알기 위하여 미국에서 생쥐를 이용해 실험한 결과에서는 합성세제가 남성의 정자를 파괴하고 기형아 출산에 밀접한 관계가 있다는 리포트가 나와 있다.

누가 병을 주고 약을 주는지는 몰라도 역시 이러한 상황 속에서 자신이 어떻게 대처할 것인가를 알아야 하겠다.

우리는 건강한 생활을 누려야 하지 않겠는가?

합성세제의 성분이 인체에 흡수되는 경로는 수돗물로부터 시작하여 식기나 야채, 과일 등을 세제로 씻었을 경우에서도 오며, 이때 사용하는 손이나 피부를 통해서도 흡수되거나 영향을 끼친다는 보고는 모두 읽어 익히 안다. 그러나 좀 더 자세히 설명하면 자동차 배기가스에서 나온 벤조피렌(발암물질)을 합성세제와 함께 흰쥐에게 투여했더니 발암률이 높아졌다는 것이다.

또 공해병인 일본의 '이타이이타이'병은 중금속 카드뮴에서, '미나마타'병은 유기수 때문에 발생한다고 하는데 이들이 콜레스테롤의 흡수를 촉진시켜 고혈압을 유발하는 것으로 보고되었다.

그리고 합성세제는 적혈구를 파괴할 뿐 아니라 빈혈의 원인을 만들고 있다고도 한다. 심한 경우에는 간장 장애까지 일으킨다니 합성세제를 사용할 때는 사용방법, 적정량을 어기지 말 것과 사용 후에는 많은 물로 다시 씻을 것을 지적한다. 이는 합성세제를 가장 많이 사용하는 사람이 주부나 여성이므로 여기서 다루는 것이며, 특히 임신한 사람의 입장에서 태아에게 영향을 줄 것에 유의하여 이 무서운 오염원을 새로운 금기사항에 넣고자 한다.

전술한 바와 같이 금기란 하지 말라는 뜻이 아니고, 나쁘니까 조심하겠다는 의사나 잘 알아서 한다는 뜻이므로 지혜롭게 해석하기 바란다.

실제로 합성세제가 비누보다 세척력이 강한가 하는 의문 때문에 1981년 국립환경연구소에 세척력을 실험해 본 결과의 대비표를 보면 수돗물에서는 합성세제가 50~60%, 비누는 63%의 때를 없앴으며 우물물, 샘물, 지하수 등에서는 합성세제가 25~32%, 비누가 17%의 때를 없앴다고 보고되었다.

이런 것을 주부들의 그릇된 인식으로 소비를 증가시킨 것이 요인이라 하는데 이제부터는 그 기준을 세척의 정도에만 둘 것이 아니라 생명과 건강에 미치는 영향 쪽에 두고 올바른 사용방법을 찾아야 할 것이다. 이는 기형아를 출산한 사람을 만나 보면 알 수 있는데 별로 잘못한 일이 없고 유전적인 이유가 없는데도 출산된 아기가 기형아일 때 그 문제는 어느 한 집의 불행뿐만 아니라 나아가선 우리 사회, 우리 국가의 큰 문제로 등장될 것이기 때문이다.

더욱이 앞으로 임신을 해야 할 입장에 있는 신혼부부는 남의 이야기가 아니다. 실제로 주변 식생활에서 마주쳐야 할 일이기에 소홀할 수 없다. 출산할 때까지만이라도 조심해서 무사하면 여러분은 성공한 것이며, 행복의 문이 열리는 것이므로 이를 알고 실행하기를 부탁한다.

인간은 누구나 주기적으로 변하는 생체리듬을 갖고 있다. 신체리듬, 감정리듬 그리고 지성리듬을 그래프에 그려 보면 자기조절을 하기 위한 요주의 일도 나오고 운전수들은 이날을 피하면 사고를 미연에 방지할 수 있다고 하여 일부에서는 이것을 잘 활용하고 있다.

그런데 실제로 인체리듬은 내적 자기조절뿐만 아니라 외적인 사회 기능 면에서 혹은 환경의 여건 면에서도 상대적으로 작용하고 있음이 새롭게 밝혀졌다. 인간은 사회적인 리듬이 맞아야 성공적인 결과를 가져올 수 있다는 것이다.

가령 연인과의 만남에 있어서도 서로 간의 리듬이 얼마만큼 맞느냐 하는 데서 사랑이 싹트고 또 그렇지 못하면 실패할 수도 있다는 견해가 나왔다.

사회심리학자들에 의하면 인간관계는 '사회적 리듬'을 기반으로 이루어지는데 이 리듬이 얼마만큼 일치하느냐 혹은 조화하느냐에 따라 달라지며, 조화하는 시간이 길면 길수록 친밀해지고 그렇지 못한 경우는 호의를 잃고 심지어는 적대감마저 갖게 될 수 있다고 한다.

에릭슨 교수의 모자관계 연구에서는 엄마가 아기의 팔을 가볍게 흔들어 주는 것만으로도 서로 간의 관계를 교감할 수 있었다 한다. 이것은 둘 사이에 리듬이 형성됐다는 뚜렷한 증거이며 다른 사람이 아닌 어머니가 했을 때 가장 민감한 반응을 보인 것도 이 때문이라는 것이다.

사회적 리듬은 역시 지역에 따라서 판이하게 나타나는데 가령 뉴욕 사람은 캘리포니아 사람보다 비교적 짧은 사회적 리듬을 갖고 있다. 그래서 두 곳의 사람이 이야기하게 되었을 때를 보면 뉴욕 사람은 잠시의 침묵도 없이 자꾸 이야기하는데 캘리포니아 사람은 느긋한 템포로 천천히 대화를 하는 것이다. 이런 차이는 잘못하면 서로를 불신하게 되는 요소가 될 수도 있다.

그래서 사랑은 리듬 맞는 사람끼리 잘 이루어지게 마련인가 보다. 이것을 다른 각도(동양학적 측면)에서 보면 인간은 상대적인 것이어서 서로 다른 사람끼리 만나게 되어 있다. 키가 큰 사람은 작은 사람과 뚱뚱한 사람은 마른 사람과 또 말이 빠른 사람은 느린 사람과 만난다. 그럼에도 어떻게 사랑이 이루어지고 결혼하고 백년해로하는지 분석해 보았더니 리듬이 서로 잘 조화될 땐 친밀한 관계를 만들고 그렇지 못할 때는 불화를 일으킨다는 것이다. 인체리듬이 잘 안 맞는 주기는 각기 다른 바람을 안고 사는 환경의 리듬에 영향받으며 이것은 부부의 직장이 서로 달랐을 때, 목적이나 계획이 같지 않을 때 잘 일어난다.

그러나 확실한 것은 사랑과 신뢰를 바탕으로 하여 대화와 접촉이 이루어지면 이 리듬은 조화와 일치를 이루고 서로는 깊은 이해에 도달하게 되는 것이다. 젊은 사람들의 사랑이 그것을 잘 대변해 주고 연인 사이의 대화는 조화와 일치를 잘 나타난다.

　그런데 결혼한 사람의 행복은 각기 다른 리듬을 찾는 것이 아니고 서로 다른 리듬을 맞추는 데 있다는 것이다. 오케스트라의 연주도 높음과 낮음, 빠름과 늦음의 조화가 잘 이어질 때 명곡, 명연주가 탄생한다. 아무리 빠른 리듬의 연주라 해도 사이에 쉬는 부분이 없으면 음악이 아닌 콩 튀기는 것과 같을 것은 뻔하다.

　건강한 신체와 생활의 풍요로움을 위해 서로의 리듬을 잘 조화시켜 보자.

과학시대에 과학을 부정하는 사람이 있다면 잘못된 사람이라고 평가하게 된다.

우주 로켓이 달나라를 다녀오고, 금성·화성에 가서 사진 자료를 보내오고, 컴퓨터, 텔렉스, 팩시밀리가 나오고, 로봇이 수백 명의 일을 혼자 할 수 있는 시대에 돌입하니 우리 생활을 발전시킨 과학의 힘은 엄청나다.

유전공학은 식물을 접종시켜 줄기에선 토마토가, 뿌리에선 감자가 열리는 새로운 종자를 만들었고, 토종 소에게 우수한 챔피언 소의 정자를 양산할 수 있는 실험이 시작된 단계에 이르렀다.

인간도 천재를 얻고자 노벨상 수상의 정자를 받아 IQ 140이 넘는 여성의 몸에 주입시켜 수십 명의 아기를 출산시켰다. 그러나 아무리 과학이 첨단을 걷고 기상천외한 실험을 한다고 해도 기형아 출산은 억제하지 못하고 있고, 혜성과도 같이 나타난 AIDS는 인류를 공포의 도가니로 몰아넣고 있다.

처음에는 AIDS가 호모섹스(동성연애)에서 발생되었다고 했다가, 다시 아프리카의 원숭이로부터 발생했다고도 하고 성 문란에서 퍼졌다고도 한다. 그러더니 미국과 소련의 논쟁에서 소련이 세균전을 하기 위하여 실험 중인 세균실험소의 세균 누출이 원인이 되었다고 한다.

서독에서는 A회사가 B회사를 상대로 2억 6천만 마르크를 배상하라는 법정 소송이 벌어졌다. B회사에서 어떤 실험을 하였는데 이때 잘못하여 누출된 세균이 변형되어 AIDS균이 되었고 이로 인해 A회사가 연구해서 생산을 시작한 물품에 막대한 손실을 주었으므로 B회사는 A회사에 손해배상을 하라는 것이었다.

이쯤 되니 이젠 어떤 것이 진실인지 모르겠고 점점 혼란에 빠지고 만다. 과학도 다양하게 발전을 하고 있으니 우리도 이젠 스스로 판단력을 키우는 자세가 필요하지 않겠나 싶다.

여기서 논하고자 하는 것은 이렇듯 과학은 과학을 믿는 우리를 불확실한 쪽으로만 몰고 있기 때문에 우리가 입는 화를 방지해 보려는 의미에서다. 이것이 태교와 관련되는바 ① 임신의 잘못, ② 출산 시의 잘못, ③ 소파 수술에 관한 이야기로 잘못되고 있는 예를 몇 가지 들어 보겠다.

첫째는, 얼마 전 유행했던 아들딸의 성별을 알아보는 것으로 많은 임신부들이 초음파 진단을 받기 위해 몰려들었었다. 이에 정부에서는 전국 산부인과와 병원에 타당한 이유 없이 아무에게나 초음파 진단을 하는 병원은 의사면허를 취소까지 하겠다고 경고를 내렸다. 이유인즉 장차 남아와 여아의 비율이 깨져 사회를 혼란시킬 수 있는 문제 때문이라고 했으나 실제로 중요한 원인은 초음파 진단이 기형아의 원인이 될 수 있다는 견지에서였다.

초음파 진단은 X-Ray와 달라서 임신부나 태아에게 아무런 영향이 없다고 해서 진단받았는데 이제는 태아를 기형아로 만들 수도 있다

하니 그동안 이 진단을 받은 사람들의 아기는 과연 어찌 될지 궁금하다. 만약 기형아가 되었다면 이 책임을 누가 져 줄 것인지도 궁금하다.

둘째로, 제왕절개를 일명 무통분만이라 하여 많은 임신부들이 제왕절개를 했다. 그런데 사실을 조사해 보니 안 아픈 것이 아니고 그 고통이 더욱 심하다고 한다. 하기야 배를 가르고 수술했는데 아프지 않을 리가 없고, 만에 하나 자연분만 시의 사고를 예방하기 위하여라는 변명도 있으나 이 후유증에 관하여 생각해 보았는지 묻고 싶다.

더욱이 작년에 일본에서 제왕절개를 하며 태아의 모습을 관찰하기 위해 마이크로 카메라를 자궁 속에 삽입하고 영상을 TV에 담아 수술한 결과 첫 번째 마취주사를 놓을 때 벌써 태아가 소스라치며 입을 딱 벌리더라는 것이다. 깜짝 놀란 의사들이 당황하며 절개수술을 그냥 수술을 계속하며 절개하기 위해 메스를 가하니까 요번에는 태아가 뱅글뱅글 돌더라는 것이다. 놀란 의사들이 아기를 빨리 꺼내어 체크해 보니 이상이 없어 봉합으로 들어갔다.

수술이 끝나고 수술 도중에 있었던 두 가지 상황에 대해 토론을 벌인 결과 첫 번째의 경우 태아의 '비명', 두 번째의 경우는 '도망'이라고 명명되었다.

'비명'은 '악' 하고 소리친 것이고 '도망'이란 도망할 수 있는 구멍이라도 발견했으면 태아는 달아났을 정도의 동작이었다는 것이다. 무슨 뜻일까. 다시 말해서 태아가 마취약에 자극받아서 "악!" 하며 소리쳤고 메스의 자극에 도망하려 했다고 해석된다.

따라서 태아가 이 행위를 무척 싫어했음을 알 수 있는데 이러한 사실을 모르는 임신부들이 의학이라고 덮어놓고 믿는 것도 불행을 자초하는 일이 아닌가 생각된다.

수술을 하고 나면 젖도 못 먹이고 그 귀한 초유도 무용지물이 된다. 그래서 제왕절개가 무통분만이라 하는 것은 과학의 불확실성 연출이라 말한다.

또 소파 수술도 우리말로는 긁어내는 것인데 함부로 하는 사람들은 후에 신체적 장애를 일으키는 요인이 되며, 의학만 믿다가 어려운 경우에 봉착하는 사람들이 많다.

따라서 과학은 믿을 수 있는 기술이지만 그 내용을 모르고 믿는 일에는 부작용이 따를 수 있기 때문에 잘 알고 따라야 한다.

아무리 성 개방 시대, 의술이 발달한 시대라 해도 달리 보면 계획 출산 시대로 피임약, 피임기구가 얼마든지 있는데, 함부로 생명을 잉태하고 함부로 그 생명을 없애는 행위는 과학의 남용으로 자신의 불행을 자초한다고밖에 할 수 없다.

분명 과학은 필요한 것이고 편리한 쪽으로 발전되고 있으나, 과학을 잘못 알고 활용하면 커다란 부작용이 있음도 알아야 한다.

　정신박약아는 보통 지능지수가 70 이하를 나타내는 아이들로 우리 나라에서도 전 인구의 3% 정도인 120만 명이 추산되고 있다.

　이를 상중하의 3등급으로 나누어 상 등급에 속하는 중증아만 해도 4만 5천 명 정도가 된다. 그중 일부는 특수시설이 되어 있는 수용소나 학원 같은 곳에 수용되어 특수교육을 받고 있으나 이들은 성장해도 갈 곳이 마땅치 않은 상태이며, 사회적으로도 문제의 대상이 되고 있는 실정이다.

　그런데 도대체 왜 이런 아동들이 늘어나고 있는 것일까. 무슨 예방책은 없을까에 관심을 가질 수밖에 없는 것은 바로 태교를 연구하는 입장이기 때문이다. 그러므로 우선 의학계의 발표를 살펴보자.

　기형아의 일종인 이 정박아도 원인은 선천성인 경우 대사 이상으로 보며 이것은 염색체가 잘못 짝지어진 때문이라 한다. 이 질환을 구분해 보면 페닐키톤뇨증, 단풍당뇨증, 호모시스틴뇨증, 히스티딘혈증, 요소회로 대사이상증, 갈락토스혈증, 갑상선기능저하증과 같은 것이 있다고 하는데 이들 증세는 그래도 생후 48시간부터 1주일 사이에 발견이 되면 쉽게 치료될 수 있다.

'페닐키톤뇨증'이란 다시 설명하면 '페닐알라딘'이란 아미노산이 '티록신'으로 변화할 때 필요한 효소가 없기 때문에 '페닐알라딘'이 뇌 속에 축적되어 뇌가 손상되고 망가지는 현상이라 한다.

또 '갑상선기능저하증'은 태어날 때부터 갑상선 이상으로 뇌의 기능이 마비되어 발육되지 않아 정신의 박약증세를 보이는 현상이라 한다. 이것도 생후 1개월 이내에 발견하여 갑상선 호르몬을 매일 투여하면 정상아로 만들 수 있다고 한다.

이런 현상을 예방하기 위해 선진국에서는 20년 전부터 선천성대사 이상의 스크린 검사를 의무화하고 있으며 우리나라도 그렇게 되어야 한다고 한다.

그런데 그것은 의학계의 의견이며 또 그렇게 되기를 우리도 바라지만 좀 더 앞서 원인이 규명되고 예방책이 보급되는 것이 보다 중요하다. 그리고 이 역학을 하는 것은 바로 태교이다.

현대의 태교는 임신 후에 먹는 것을 조심하고, 눕는 것을 조심하라는 의미가 아니라 보다 앞서서 훌륭한 임신을 위하여 노력하라는 가르침이고, 그보다 앞서서는 가임여성, 미혼여성이 생명의 존엄, 생명의 발생을 알고 미리 주의하는 지혜를 갖추어야 한다는 것이다.

금기(禁忌)에 관해서도 옛것이 비현실적이라고 비판하는 데 그치지 말고 현대적인 금기는 어떤 것인가에 눈떠야 한다. 옛것이 현대에 맞지 않는 것은 시대가 변하고 생활관습·활동범위가 달라졌으므로 당연한 일이며, 변한 시대에 맞는 금기가 새로 생성되고 있음을 알아야 된다. 전문가의 입장에서 보면 우리 앞에는 현대에 맞는 금기가 즐비하다. 가령 정신적 스트레스, 심리적 갈등, 불결이나 성문란에서 오는 감염, 복용을 잘못하는 각종 약에서 오는 화, 오염된 공기와 방부제 등이 주는 각종 식품에서 오는 화, 세척제 등 중금속이 주는 여러 가지 해독성 물질의 사용 등, 이렇듯 우리 생활 주변에 산재한 위험으로부터 자신을 방어하는 지혜가 없으면 불행의 원인이 어디서 왔는가를 헤아리지 못하는 것이 현대 생활이기 때문에 꼭 하나를 지적할 수는 없지만 장차 임신을 눈앞에 둔 여성들은 이를 예방하려는 노력이 있어야겠다는 것이다.

이런 것은 모르면 병이지만 알면 절제할 수도 피할 수도 있기 때문이다. 주변정리를 잘하고 가급적 위험한 일엔 접근하지 말며 일을 가려서 하고 좋은 일만 골라서 하는 것, 이것이 태교의 이치다. 태교를 소홀히 하거나 지키지 않으면 불행을 당할 수가 있기 때문에 좀 더 철저하게 노력해야 할 것이다. 아무리 과학이 발달하고, 의학이 치료할 수 있는 병이 많을지라도 정박아를 낳는 일이 없도록 예방하는 것보다 더 좋은 방법은 없기 때문이다.

　　일명 소파수술, 낙태라고 말하는 임신중절을 순수한 우리말로 바꾸어 보면 이것은 '긁어내는 것', '떼어 내는 것'이라고 표현될 수 있다.

　　무엇을 어떻게 긁어내느냐는 제외한다 해도 필요 없으니 떼어내 버린다고 생각하고 말았는데 비디오가 발달하여 임신중절하는 장면을 화면으로 보니 처참하여 인간으로서 할 짓이 못 된다는 생각을 갖게 했다.

　　지난해 미국에서 이 장면을 촬영한 비디오를 대통령에게 보여 주었다. 처음에는 자궁 속의 신비한 모습이라 하여 재미있게 보던 대통령이 나중에는 이것을 국회의원들에게 보여 주도록 지시를 내렸다. 이 비디오를 국회에서 방영하는데 모두들 이 신비한 모습을 흥미진진하게 보고 있다가 갑자기 야단이 났다고 한다.

　　살아 있는 생명을 집게로 집고 가위로 자르며 그것도 모자라 살점을 뜯어내는 모습, 찢어 내는 모습을 보았을 때 과연 어떠했을까?

　　과연 이것이 인간이 할 짓인가 하고 뉘우쳐진다. 그것도 어디가 잘못된 생명이라면 또 모르되 아무런 이유도 없이 섭리에 의해 생긴 생명을 마구 찢어 살점이 튀고 피가 터진 것을 잡아당기고 긁어내는 모습은 잔인무도한 모습이 아닌가 생각된다. 어린 생명은 소리를 지르고 울부짖는데 소리를 못 지르게 입을 틀어막고 닭 목을 자르듯 해도 되는 것인지 묻고 싶다. 혹 어떤 사람은 필요 없는 생명이니까, 안 낳을 생명이니까 하는 변명을 할 수도 있겠으나 계획출산을 할 수 있는 피임기구・피임약을 손쉽게 구할 수도 있는데 이런 것을 몰랐기 때문이라고 할 수 있을까?

바라는 때,

바라는 생명을 위하여 노력하는 것,

이것이 가임여성이 염두에 둘 중요부분이다.

과거의 잘못들은 흘려보내고 이제부터는 생명을 소중히 다루어야 한다. 생명에 외경의 마음을 가지며 생명을 소중히 다루어야 한다. 생명은 물질만이 아니라 영혼이 깃들어 있다는 점을 명심하여 그런 일을 함부로 해서는 안 되겠다.

소파수술은 수술 후 잠이 오지 않는다거나 가끔 꿈에서 놀라는 일로 그치는 것이 아니라 실제로 자신의 몸에 큰 이상이 생기게 된다. 의사들의 이야기도 있는데 긁어낸 뒤 자궁벽에 난 상처가 다음에 있을 임신에 어떤 영향을 끼치는지에 대하여는 의견이 분분하다. 그것도 자녀를 충분히 둔 중년기의 여성에게서보다는 이제 막 결혼하여 얼마 후는 틀림없이 아들이든 딸이든 출산할 계획이 있는 신혼여성의 입장에서는 문제가 된다.

어떤 의견은 아무 영향도 없다지만 또 다른 의견은 다음에 임신할 때 정자에 영향을 줄 수 있다는(경우에 따라서는) 의견도 있음을 보면 자세한 것은 차츰 더 밝혀지겠지만 현실적으로는 그런 경우를 피하는 것이 최선임을 밝혀 둔다.

바라는 때, 바라는 생명을 위하여 노력하는 것, 이것이 가임여성이 염두에 둘 중요부분이다. 바라지 않거든 애초에 피임을 하고 그것이 실행되지 못했을 때는 책임을 져야 한다.

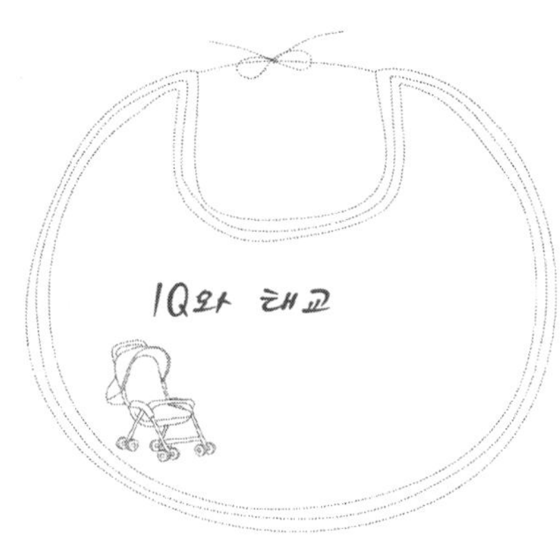

어떤 사람은 태교가 영재아를 낳기 위한 노력이라면 애당초 IQ가 높은 사람과 결혼하면 지능이 높은 아기를 낳을 수 있지 않겠느냐고 자못 그럴듯한 주장을 한다. 그러나 그렇지 않은 여러 이유가 있어 예를 들어 설명한다.

만약 단순히 IQ 문제만 놓고 설명한다면 혹 그럴지도 모르지만 IQ가 높은 인간이 훌륭한 인간이 된다는 등식이 성립되지도 않으며 사기꾼, 협잡꾼도 IQ가 낮다는 이야기는 들어 보지 못했다.

또 뛰어난 사람이 요구되는 시대라고 운동선수가 운동선수끼리 결혼해야 하고 법을 배운 사람이라고 법을 집행하는 사람과, 의사는 의사와 결혼을 해야만 훌륭한 선수, 훌륭한 법관, 훌륭한 의사가 나올 것이라 판단한다면 이는 하나만 아는 사람, 편협한 사고를 가진 사람일 것이다.

신의 섭리가 무엇인지는 몰라도 인간은 상대적·상보적인 서로 다른 사람들의 조화 속에서 발전해 온 것을 부인하지 못하며, 자석의 원리처럼 −와 −는 늘 밀치고 +와 +도 서로 밀치는 원리를 생각해 보면 질의 문제가 아닌 격의 문제에서 이치를 깨닫게 될 것이다.

인간도 왠지 모르게 같은 유끼리 잘 맺어지지 않으며 다른 유가 만나야 결합이 잘된다는 것을 기억하자. 키 큰 사람은 키가 작은 사람과, 뚱뚱한 사람은 마른 사람과 음악 하는 사람은 다른 부분을 지향하는 사람과, 사업하는 사람은 반대의 재능을 가진 사람과 잘 결합되는 것을 보면 그건 자연의 순리요, 결합의 법칙인지도 모르겠다.

하기야 삶 자체가 복잡 미묘한 것인데 안팎에서 같은 삶을 산다면 생활은 무미건조할 것이고 안팎이 똑같이 교육을 한다면 2세 교육을 더 잘할는지 몰라도 오히려 교육 자체가 싫은 과정이 될 수도 있겠다.

> 태교는 언제나 자신이 위치한 상태에서 높은 곳을 향하여
> 희망차고 즐겁게 영향을 주려고 노력하는 자세라 했으면 좋겠다.
> 자신의 바람을 승화시키려는 장, 거기 필요한 자료를 제공하는 장,
> 그것이 성취되도록 하는 환경 조성,
> 종합적이요, 실질적인 삶의 원천을 만드는 것이다.

결국 아무리 훌륭한 일을 한 사람이라도 그 일을 성취하기까지 쏟는 노력을 옆에서 보면 지루하고 고달프기도 하며, 인간은 늘 다른 것을 찾아 헤매는 동물이기 때문에 자신과 다른 타입을 만나게 되는지 모른다.

생각하는 동물, 자연을 정복한 동물, 창조적 생리의 동물이기 때문에 아무리 좋은 것일지라도 똑같은 일의 반복에는 염증을 일으키지 않을 수 없는 것이 인간이다. 그래서 농사짓는 사람이 자식에게 농사

를 물려주려 하지 않고, 법 하는 사람, 정치하는 사람, 예술하는 사람 할 것 없이 자신이 걸어온 길을 자식에게 물려주겠다는 의욕을 거의 갖지 않는다. 혹 가업이나 가풍을 물려주는 사람도 있기는 하지만……

이렇게 볼 때 서두에서 말한 등식은 여간해서 성립하기가 어렵다. 꼭 그렇게 하고자 한다면 안 될 것도 없지만 의도적으로 행동할 필요까지는 없을 것이다.

태교를 새로 태어나는 생명에게 좋은 영향을 주기 위한 노력이라 한다면 정말 자신이 희구하는 것을 주려고 할 때 가치를 발휘하는 것이지 싫지만 해야 되지 않겠느냐는 식의 태도는 먹기 싫은 떡을 먹다 체하게 되는 이야기와도 일맥상통한다.

그래서 태교는 언제나 자신이 위치한 상태에서 높은 곳을 향하여 희망차고 즐겁게 영향을 주려고 노력하는 자세라고 했으면 좋겠다.

자신의 바람을 승화시키려는 장, 거기 필요한 자료를 제공하는 장, 그것이 성취되도록 하는 환경 조성, 종합적이요, 실질적인 삶의 원천을 만드는 것이다. 어떤 조건에 끼워 맞추기보다 주어진 여건을 훌륭히 만들며 잘못되지 않도록 하는 것이다.

씨 뿌려 화초를 가꾸되 좋은 씨만을 생각하지 말고 2등품 씨앗을 뿌렸더라도 햇볕이 잘 들게 하고 적당히 물을 주어 화초가 원하는 것을 맞춰 줄 때, 그 화초는 싱싱하고 푸르게 꽃핀다는 이치를 알고 이를 실천하려는 자세, 이것이 바로 훌륭한 태교의 자세다.

IQ가 높은 사람을 식물의 좋은 씨와 비교할 수 없을 뿐만 아니라 설혹 좋은 씨와 비교가 된다 하더라도 그것을 심고 가꾸는 이치는 밭과 햇볕과 물 그리고 가꾸는 정성과 노력이라 하겠다. 여기서 태교는 바로 햇볕과 물이라는 환경적 차원의 이야기도 되지만 보다 잘 가꾸는 데 필요한 것은 기술이 아니라 정성과 노력이라는 차원에 근거를 두었음을 강조한다.

착각하여 오류를 범하지 말고, 올바르게 알고 태교를 시작해 보자. 내일을 위하여 사과나무 한 그루를 심는 마음으로 임한다면 분명히 행복이 기다리고 있을 것이다.

　우리 사회의 직업은 다양하다. 그중에서도 육체적인 노동력을 요구하는 직장의 근로조건은 직업병과 무관하지 않다. 특히 중금속·화학약품 등 인체에 해를 줄 수 있는 작업환경은 더욱 위험하다.

　그래서 이런 곳에서 근무하는 사람들의 건강과 그것이 아기에게 끼칠 영향을 분석하고, 현실적으로 충분히 예방 가능한 음식물을 살펴보니 중독증과 그에 필요한 요소로서의 음식물은 아래와 같다.

① 납중독에는 비타민 B·C 등을 충분히 섭취하면 예방에 큰 효과를 거둘 수 있고,

② 수은중독에는 단백질과 비타민 E 등을 자주 섭취하면 몸에 좋고,

③ 카드뮴에는 칼슘과 철분을 많이 섭취하면 예방에 큰 도움이 된다고 나타났다.

　이것을 좀 더 구체적으로 설명하면 제련업에 종사하는 사람, 도료업, 납(鈉) 용접 공업, 인쇄 공장, 배터리 공장 등에서 사용되는 납은 인체에 두통, 불면증, 피로 등의 원인이 될 뿐만 아니라 심하면 생명

에까지 지장을 줄 수 있으므로 이를 예방하기 위해서는 적혈구를 보호하는 비타민 B군을 섭취해야 하며 납중독을 완화시키려면 비타민 B, C를 많이 흡수해야 된다.

그러나 비타민 D는 납 흡수를 촉진하기 때문에, 오히려 피해야 하는 것으로 나타났다. 그리고 플라스틱, 진공펌프, 농약, 의약품, 온도계를 만드는 공장에 근무하는 사람들은 수은(水銀) 등의 부작용 및 중추신경에 끼치는 영향으로 우울증, 신경과민, 건망증 등이 일어나며 이를 예방하는 음식조절이 없으면 정신착란 현상까지 갈 수 있다.

그래서 이런 직종에 근무하는 사람은 단백질을 충분히 섭취하거나 비타민 E가 효과적이라고 한다. 그러나 또 비타민 C는 수은의 체내흡수를 돕는 것으로 오히려 해롭다고 한다.

셋째로 카드뮴은 전기도금, 합금공업, 배터리 제조, 용접 등에서 쓰이며 도료공업에서도 쓰이는데 이것이 중독되면 구토, 설사를 하고 나중에는 호흡곤란까지 가져온다. 그래서 카드뮴을 사용하는 공장의 근로자들은 우선 칼슘이나 철분 그리고 구리, 아연과 같은 무기질과 비타민 C를 함유한 식품을 충분히 섭취하는 것이 이상적이며 반대로 비타민 B는 섭취하지 말아야 한다.

넷째로 에탄올을 사용하는 세제, 접착제, 잉크, 염료, 술, 고무 공장에서 근무하는 근로자들은 간 기능을 해칠 우려가 있으니 에탄올 피해를 예방하기 위해 비타민 C의 섭취를 대폭 늘려야 하고 알코올 중독 환자의 처방과 비슷한 처방이 요구된다. 그러나 오히려 '나이아신'이나 '트립토판'의 섭취는 줄여야 하는 것으로 나타났다.

일반적으로 산업체 내에는 식당이 있고 식단을 담당하는 산업보건요원(영양사)이 있어서 잘 운영하겠지만, 관리직과 생산직에서 근무

하는 사람들의 경우가 다르다고 하여 따로 식단을 짜기는 어려운 일
면도 있다. 그러나 같은 값이라면 직업병을 예방하는 측면의 배려가
요구된다. 이건 어느 개인을 위한다기보다는 이로 인해 발생하는 저
해 요인을 예방하는 일이기 때문에 회사를 위해서나 국가의 장래를
위해서도 개선되고 발전되어야 할 과제일 것이다.

특히 가정에서의 부인의 역할도 마찬가지로 꼭 자신들을 위하는
것뿐만 아니라 장차 태어날 자기의 분신을 건강하고 영특하게 하기
위한다는 명제를 안고 있다. 따라서 깊이 생각하고 명심하길 바란다.

연초에 산업의학센터에서 주최한 심포지엄 "근로여성의 건강"에 관해 여성 근로자들의 열악한 노동환경을 비판한 열띤 토론이 있었다. 산업사회의 역군 혹은 수출산업이 역군이며 산업전선에서 열심히 일을 하고 있는 근로여성들의 건강을 검사해 본 결과 꽤 많은 여성이 건강을 해쳐 생리구조 및 출산 육아의 기능을 저해하는 상태에 있음을 발견했다.

특히 화학물질을 취급하는 업종에 종사하는 여성이나 유기물체를 취급하는 곳, 나아가서 카드뮴이나 납 등의 중금속을 취급하는 곳에 근무하는 여성의 체내에는 잔류가 심하여 인체에 크게 해가 되는 것으로 판명됐다. 피임약 공장의 근로자는 암의 유발확률이 높고, 유기물이나 중금속 공장의 근로자는 불임, 조산, 자연유산의 유발 가능성이 높다고 한다.

여성 근로자들은 자기 자신의 건강뿐 아니라 새로운 생명을 분만할 임무가 있기 때문에 이들의 재해는 2세에까지 영향을 주게 되어 문제의 심각성은 더욱 크다고 할 수 있다.

노동시간이나 노동 환경조건에서도 문제는 발견되나 직접적으로 나쁜 영향을 주는 화학물질을 취급하는 업체의 여성은 그곳에서 나쁜 영향을 받지 않도록 조심할 필요가 있다. 물론 경영·관리자 측면에서도 신경을 쓰고는 있겠지만 자신을 방어할 자기 능력 또한 필요하다.

그래서 어쩔 수 없이 이런 곳에서 근무해야 할 입장에 있는 여성은 자기 건강을 위해 적어도 정기적인 건강진단을 꼭 받아 봐야 한다. 그리고 그전에라도 이상한 점이 발견될 때는 즉시 진찰을 받아서 질병의 요인을 쌓는 실수를 범하지 말아야 된다.

또 여성은 모성 기능의 보호라는 측면에서도 자신의 육체를 학대하지 말아야 한다. 남녀평등을 외치며 남성과도 어깨를 나란히 하고 같은 일을 해낼 수 있다고 생각하기 쉬우나, 체력구조·신체구조·생리현상 등 여러 면에서 여성은 남성과는 다르며 더욱이 생명을 잉태하고 창조하는 모성 기능을 저해하는 원인은 어떤 이유로든 정당화될 수 없다.

> 산업체에서 장시간 위험물을 취급하거나 자칫 실수하여
> 재해를 입게 되는 경우는 배제되어야 하며, 또 이상이 있을 때는
> 바로 회복을 시켜 주는 조치가 절실히 요구된다.

여성의 신체를 분석해 보면 여성은 남성보다 체격이 작고 피하지방이 많으며 골격이나 근육이 약하다. 하지장(下肢長)은 남성보다 짧으며 골반이 발달하여 체중의 중심이 아래쪽에 있어 운동신경이 민첩하지 못하며 심폐기능, 즉 산소 소비량도 남성보다 약하다. 오랫동

안 서서 일을 하면 하지울혈이나 정맥류를 일으키는데, 체온 조절도 잘 안 되는 신체적 구조라는 것을 알아야 한다.

또 남성과 다른 점은 모성에 있다. 성기능도 남성과는 다르며 과중한 노동 등에서 오는 정신적 긴장은 배란작용을 억제한다 하니 불임의 원인이 될 수 있다. 설혹 임신이 된다고 해도 유산·조산·미숙아의 원인이 되어 기형아를 만들 조건이 성립되는 것도 문제의 대상이다. 그러므로 여성은 여성이 할 수 있는 일이 따로 있음을 잊지 말아야 한다.

또 여성 건강은 가정뿐만 아니라 그 사회의 경제 및 생활수준을 보여 주는 척도라고까지 할 수 있는데 하나의 생명을 생산할 책임을 진 입장에서 자칫 실수하여 장애아를 낳게 된다면 큰 불행이리 할 수 있다. 직장 근무도 좋지만 장래를 생각하여 심한 영향은 안 받도록 하는 것이 최선이다.

요사이 산업체에서는 사원이나 근로자의 건강을 위해 많은 애를 쓰고 있다. 주위환경이나 식사문제·노동조건 등과 임금에 대해서도 많은 노력을 한다. 그러나 장시간 위험물을 취급하거나 자칫 실수하여 재해를 입게 되는 경우는 배제되어야 하며, 또 이상이 있을 때는 바로 회복을 시켜 주는 조치가 절실히 요구된다.

현대 태교는 바로 이런 여성들이 알아두어야 할 지식으로부터 시작하며 신혼부부가 함께 알아두어야 할 상식이다. '임신하면 이미 늦다'라는 현대 사회의 육아 상식은 바로 이런 분들이 결혼하기 전부터 건강에 유의하도록 주의를 주는 것이며 건강한 남녀의 결합만이 건강한 아기를 출산할 수 있는 바탕이라 볼 때 이것은 예방지식과 준비기간이라는 차원에 속한다.

아무쪼록 산업재해로부터 해방될 지혜를 배워 나가자. 행복의 열쇠는 따로 있는 것이 아니고 이런 문제를 하나하나 해결하는 데 있는 것이 아닐는지…….

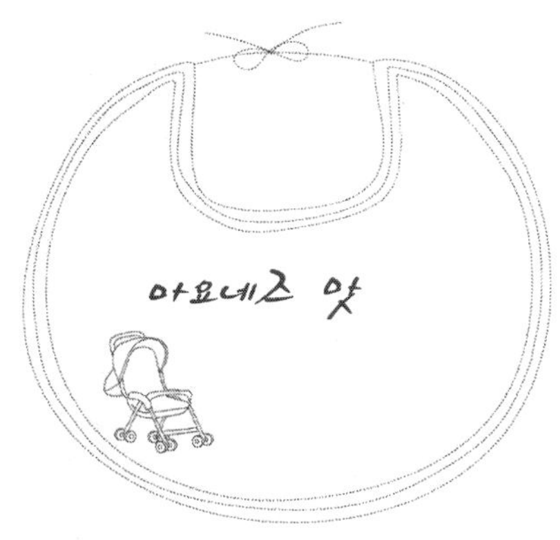

약 30년 전만 해도 마요네즈 맛이 이상하다고 하는 사람이 많았다.

달콤한 것도 아니요, 새콤한 것도 아니고, 매운 것도 짭짤한 것도 아니기 때문이다.

그러나 요즘의 어린이들은 마요네즈에 오이를 찍어 먹을 뿐만 아니라 야채샐러드를 만들어 맛있게 먹기도 하고 빵에 발라 먹기도 한다. 하기야 입맛에 들면 그러지 말란 법도 없다. 꿩 대신 닭이라고 버터가 없을 때 마요네즈를 찍어 먹었다고 배탈이 날 이유도 없지 않은가?

그런데 이런 맛이 언제부터 우리 입맛을 돋우었나를 생각해 보니 그리 오래되지 않은 것 같다.

지금부터 한 30년, 길게 잡아 40년 미만인데 인스턴트식품이 개발되어 라면과 소시지가 나오고 우유나 빵을 즐기는 아동들이 늘어났으니, 서구 음식의 보급에 열을 올린 식품업계의 성공작이라 할 수 있겠다.

식품업계의 상술에도 원인이 있을 수 있겠지만 맞벌이 부부가 증가하고 간편한 식사를 찾다보니 서구의 간단한 식사 패턴을 찾게 된 데도 원인이 있었다. 커피와 햄버거나 토스트로 아침을 대신하는 사람이 늘어난 이유도 이런 때문인 것 같다.

그러다 보니 토마토케첩이 나오고 마요네즈도 나오게 되었다. 처음에는 맛이 이상하여 잘 먹질 않았으나 차츰 맛을 들여서 요사이는 아이들이 곧잘 먹는다.

그런데 한 번쯤은 돌이켜 보아야 할 일들이 생겨나고 있다. 그건 우리의 전통음식인 구수한 된장, 고추장이 밥상에서 자취를 감추고 있다는 점이다. 물론 전통음식이라 해서 꼭 먹어야 한다는 의미는 아니다. 변하는 시대에 맞지 않으면 굳이 상에 올려놓을 필요는 없지만 선진국에서 나온 연구결과에 한국 사람들의 발효식품인 된장, 고추장이 매우 좋은 식품이라고 한다. 우리 음식이 고단백 발효식품으로서 풍부한 영양가를 높이 평가받고 있는 것이다. 따라서 잊었던 우리의 전통음식에 대한 새로운 인식이 요청되며 과학적인 제조방법, 저장법, 요리법이 필요하다고 본다. 요즈음 아파트에선 햇볕관계로 간장을 담글 수가 없다. 된장을 끓이면 온 집 안은 물로 다른 집에도 냄새가 번지고 싫은 냄새가 나기 때문에 된장을 끓이지 않고 있다. 그래서 그 좋은 된장이 사라지고 있다고 한다.

일본 사람들은 김치 공장을 차려 놓고 우리의 고유음식인 김치를 미국으로 수출하기 시작했고, 김치가 구미를 돋우는 음식이며 건강식이라는 고급음식으로 인정해서 그들도 즐겨 먹고 있다.

세상이 변하면 그 흐름에 따라 살아가면 되겠지만 우리의 좋은 것을 다 버리고 유행 따라 행동하는 사람들에겐 항시 오류가 발생한다. 자신의 일을 자신이 알아 행동할 수 있어야지 유행을 좋아해 좇아가다 불행해지지 않기를 바란다.

좋은 것도 반드시 좋은 결과를 가져다주지는 않기 때문에 참으로

좋은 것을 알고 선택할 줄 아는 지혜는 중요하다고 할 수 있다. 또 이
것은 가임여성일 때 알아두어야 할 일이며, 영양 많고 구수한 된장찌
개가 사라질 것 같아서 서구의 마요네즈에 비유해 본 것이다.

우리나라 인구보건연구소에서 지난 30년간의 가족구조 변천에 관한 연구 보고가 나왔다.

이 보고서에서는 편모·편부의 결손가정이 다섯 가구에 한 가구꼴로 증가했다고 하였는데 놀라지 않을 수 없다는 사실이다.

핵가족 형태가 정착되고 1966년에 8가구 중 1가정 정도였던 결손가정이 75년에는 7가주 중 1가정, 85년에는 6가구 중 1가정, 현재는 5가구 중 1가정으로 증가추세에 있다고 한다. 말하자면 천만 가구 중 약 200만 가구가 한쪽 배우자가 없는 결손가정인 것이다.

또 독신 가정의 증가는 66년 3.4%에 불과했으나 75년에는 5.6%, 85년에는 8.9%에 달해 조만간 열 집 중 한 집은 결손가정이 될 것으로 전망된다고 한다.

한편 여성 가구주의 증가도 66년에 12%, 75년에 12.8%였던 것이 80년엔 14.7%, 현재는 16.5%, 즉 전체의 6분의 1을 점유한 것으로 집계됐다. 그리고 우리나라도 서구화된 느낌이 들면서 문득 서글퍼진다. 우리 고유문화가 파괴되어 간다는 데서뿐만 아니라 결손가정보다는 정상적인 가정이 더 좋을 것이기 때문이다. 서로 사랑하며 존경하고 이해하며 백년해로를 하겠다고 맺어진 부부가 어떤 이유에서든 혼자된다는 것은 몹시 불행한 일이라 할 수 있다.

신촌에 딸이 둘 있는 결손가정이 있었는데 그들이 자라는 모습을 오랫동안 관찰할 기회가 있었다. 이제는 모두 성장해서 직장생활을 하고 있지만, 늘 우울하고 남에게 손가락질 받는 것 같은 불안감을 떨치지 못하던 그들이었다.

아마도 이런 감정은 결혼 후 얼마 동안은 지속될 걸로 안다.

또 어떤 이는 군에서 제대하면서 헤어졌던 엄마를 다시 만났으나, 친엄마와 같은 따뜻한 정이 느껴지지 않는다며 다시는 찾지 않겠노라고 푸념하기도 했다.

이는 각자 떨어져 살아왔기 때문에 따뜻한 정을 느끼며 가족 같은 분위기를 갖기 힘들었던 것이 아닌가 하며, 대가족제도의 훈훈한 정이 그리워지는 마음을 다스리며 우리 고유의 가정 풍습을 생각하게 되었다.

세계의 습속은 나라마다 다르다. 그리고 우리는 나름대로의 아름다운 습속이 있다. 그런데 선진이라는 명제 아래 마구 짓밟혀 이제는 이 땅이 한국인지 서양인지조차 모를 정도로 변해 버렸다. 2002년 월드컵이 서울에서 개최되면서 많은 외국인이 찾아올 텐데 그들에게 5천 년 된 우리 고유의 문화를 어떻게 소개할 것인지 무척 걱정스럽다.

얼마 전에 건축 전문가라는 미국의 학자가 한국을 방문해서 우리의 전통적 가옥 구조를 볼 수 없음을 안타까워했다. 그래서 어느 학자가 지방까지 안내하여 한국의 풍물을 보여 주었더니 큰 감사를 표하더라는 기사가 신문에 실렸다. 즉, 외국 사람들은 서구화된 한국보다 우리의 고유문화에 관심이 더 있는 것이다.

　그렇다고 굳이 옛것을 억지로 고집하려는 뜻은 없다. 아름다운 미풍양속을 지키며 보다 나은 발전을 할 수 있기를 바라는 것이다. 어쩔 수 없는 경우엔 결손가정도 있을 수 있고, 독신생활도 좋을 수도 있겠으나 오랜 인류의 역사를 돌이켜 보더라도 반복되는 희로애락·부귀영화는 자기 마음대로 할 수 없다. 그러나 '참을 인 자 셋이면 살인도 면한다'는 우리 속담을 연상하며 어떻게 하면 결손가정과 같은 불행한 환경에 처하지 않고 현명하게 복된 가정을 이룰 수 있는지 알고 노력해야겠다.

동물 중에도 개나 고양이와 같은 애완동물에 공포의 기생충 '톡소플라스마'가 서식하고 있다는 보고가 있다.

이 기생충은 아주 작아 육안으로는 보이지 않으나 동물의 가죽, 새와 같은 조류의 털에 붙어 있어 애완용으로 키우는 사람들이 만지거나 안을 때 인체에 전달되며, 고기를 구워 먹을 때도 스테이크나 불고기 등에서 감염될 수 있다. 따라서 임신부나 가임여성들은 조심해야 할 사항으로 지적되고 있다.

특히 고양이에게서 이 병원체가 많이 발견되는데 1백 마리에 1마리는 틀림없이 '톡소플라스마' 기생충을 분뇨로 배출하고 있으므로 방심은 금물이다.

만약 임신부가 이 병원체에 감염되면 이것을 이겨내기 위한 항체가 체내에서 만들어지기까지 2~3주가 걸리므로 그동안에 이 기생충은 인체에서 마음대로 활동하며 병을 유발시킨다.

몸에 들어온 이 병원체는 혈액 내에서 급격히 증식하며 임신부의 태반을 통해 태아의 몸으로 들어가 태아의 뇌에 치명적인 장애를 일으킬 수 있다. 이렇게 되면 태아는 수두증, 소두증에 걸려서 기형아가 된다고 하니 특별히 조심해야 한다.

수두증은 뇌 속의 척수액이 특정 부위에 다량으로 흘러 머리가 이상형으로 부풀어 오르는 병이며, 소두증은 반대로 작아지는 형태다.

이렇듯 '톡소플라스마'는 위험한 기형아의 원인이다. 그래서 임신 중에는 개나 고양이는 물론 카나리아와 같은 새들도 멀리하는 것이 상책이며 심하게는 동물원에 놀러가는 것도 삼가고 생야채도 깨끗이 씻어 먹어야 한다. 그것은 동물의 배설물로 감염되는 경우 분뇨가 비료로 쓰이기 때문이다. 그러나 한편으로는 고양이나 개의 생가죽 제품 등도 해당된다니 참으로 놀라운 일이다.

임신 중에는 개나 고양이는 물론 카나리아와 같은 새들도
멀리하는 것이 상책이며 심하게는 동물원에 놀러 가는 것도
삼가고 생야채도 깨끗이 씻어 먹어야 한다.

이것을 연구한 고려대학교 박 교수(산부인과)는 "국내에서는 아직 환자 발생 사례가 구체적으로 보고된 바는 없으나 미국이나 일본에서는 가정의 또 다른 심각한 문제가 되고 있다"고 하며 "현대 가정의 새로운 병리로 해석되므로 애완동물은 되도록 멀리하는 게 바람직하다"고 충고한다.

그런데 여기서 첨가할 것은 임신부뿐만 아니라 가임여성, 즉 신혼부부도 적용 대상이 되고 있다는 점이다. 그것은 병원체의 잠복기간과 관계가 되며 또 임신 초기엔 유산과도 관계가 있기 때문이다.

아무쪼록 생명을 잉태할 사람은 이러한 부분을 잘 알고 삼가는 행동을 해야겠다.

지방이 너무 과다해도 나쁘지만 지나친 다이어트나 과도한 운동으로 지방이 부족한 경우에도 불임을 초래하기 쉽다는 미국 하버드 의과대학 프리시 박사의 연구 결과가 발표되고 있다.

여성은 날씬한 몸매에 매력이 있다고 하나 그것이 임신에는 좋은 체격이 아니며 남성과 같은 심한 운동으로 근육질이 된 체질보다는 적당한 양의 지방질이 고루 퍼진 통통한 몸매가 엄마의 구실을 하기에 좋은 임신부형이라 하며 미국 여성들에게 경고를 내리고 있다.

과연 여성의 지방과 임신과의 사이에는 상관관계가 있는 것일까? 프리시 교수의 연구를 보니 여성의 지방 성분은 생식능력을 통제 또는 조정하는 기능을 갖고 있다고 한다.

다시 말하면 여성의 생식 기능은 뇌의 시상하부의 지령을 받아 뇌하수체에서 생식선 자극 호르몬을 분비하며 이것은 다시 난소 자극 호르몬을 분비하도록 하고 난소에서 '에스트로겐'과 '프로게스테론'을 발생시켜 생식이 가능하도록 한다는 것이다.

이와 같은 일련의 생식능력 활성화를 촉진하는 열쇠가 바로 여성의 지방성분이라는 것이다. 그래서 만약 지방성분이 결핍될 경우에

이 사이클은 깨지고 여성은 생식능력을 상실하게 된다.

일례로 키가 160cm인 여성의 경우 최소한 체중 41kg에 지방이 17%는 되어야 하는데 그렇지 못한 사람은 성년이 되어도 초경이 없는 경우가 많았고 체중 46kg의 여성에게 22% 정도의 지방분이 되지 않으니 임신이 어려웠다는 보고가 있었다.

한편 키가 165cm에 체중 57kg의 18세 여성이 '다이어트'나 '보디빌딩' 등의 운동을 하여 10kg의 체중을 줄였더니 이 여성은 지방질이 16kg에서 7kg이나 빠져 겨우 9kg의 지방이 '에스트로겐' 분비를 저하시켜 무월경·월경불순의 생식능력 상실을 가져왔다 한다.

여성의 생식기능은 난소에서 '에스트로겐'과 '프로게스테론'을
발생시켜 생식이 가능하며 생식능력 활성화를 촉진하는
열쇠가 바로 여성의 지방성분이라는 것이다. 지방성분이
결핍될 경우에 여성은 생식능력을 상실하게 된다.

후에 지방분 섭취를 늘려 체중 증가를 시키면 원상태로 회복되기는 하나, 그 시기를 잘 맞추어야지 잘못하면 불임증으로 고생하기도 한다니 잘 알아둘 일이다.

요즘 유전 질환아가 늘어나고 심각한 사회문제로 대두하자 유전공학, 유전병을 연구하는 분들의 눈부신 발전은 이를 출산 전에 알아내어 태내 치료를 하든가 임신중절을 권유하는 방법이 바람직할 수도 있다는 논의가 활발하다.

최근에는 임신 4~5주면 판별하는 방법도 가능하다. 알아둘 것은 현재까지는 양수천자, 배양검사법 등으로 긴 주사바늘을 태반 속에 넣어 양수를 뽑아 세포배양을 하여 염색체 이상 여부를 관찰하는 것이었으나 이 같은 방법은 임신 15주 이후에나 가능하고 검사기간도 3~5주가 소요되므로 임산부에게 정신적 부담을 주고 결과가 나와 부득이 유산을 시켜야 할 때는 이미 임산부의 건강을 해치기 쉬운 어려움까지 있었다.

또 초음파 진단검사는 임신부의 자궁 부위에 초음파를 대서 임신 시 태아의 발육 및 건강상태 등 외형상의 기형 등을 알아내는 데 그쳐서 양수검사의 보조적인 역할밖에는 안 된다는 결점이 있었다.

그런데 최근 개발된 산전 진단은 융모막 채취 검사법으로 임신 4~5주 사이에 융모막을 채취하고 3~7일간의 세포배양으로 초기에 유전질환을 알아낼 수 있어 간단하고, 임부나 태아에게 아무 지장을 주지 않는 발전된 방법임이 밝혀졌다.

또 요즘은 융모막을 채취하여 세포배양을 하지 않고 곧바로 염색체를 검사할 수 있는 방법까지 개발하는 데 박차를 가하고 있고 외국에서도 보급단계라 한다.

DNA분석법은 혈색소 질환을 체크하는 방법으로 외국에서 발전했으나 이것은 태아의 혈액을 채취하거나, 융모막 세포를 이용하는 안전한 방법으로 자리를 굳혀 간다.

양수검사나 임산부의 혈액 검사로 다운증후군이라는 선천성 기형의 보인자를 찾아내는 데 성공하고 있으며 여기서는, 다음과 같은 부부나 가정에서는 누구나 한 번쯤 신진 유전질환의 진단을 받는 것이 현명한 방법이라고 의학계에서는 지적하고 있다.

① 과거 기형아를 출산한 부부
② 3회 이상 자연유산을 되풀이한 부부
③ 원인 불명의 불임 부부
④ 35세 이상의 고령의 임신부
⑤ 부모나 직계 가족 중 혈우병 등의 유전적 질환이 있는 가정

그러나 여기에 한 가지 첨가해야 할 것은 태아가 갖는 선천성 이상 기형 질환도 유전적인 것은 환경적인 것에 비하면 그 수가 훨씬 적다. 환경의 영향이 태교와 연관되므로 태교를 열심히 하자는 의미는 이것을 근본적으로 봉쇄하자는 데 그 뜻이 있음을 잘 알아야 하겠다.

조사해 보니 B급은 몰라도 C급의 정박아는 속이고 결혼하는 일이

많고 색맹과 같은 유전질환도 문제가 나타날 때까지 모르고 지나치는 일이 많다고 한다.

　이런 것들은 꼭 결혼 못할 조건이거나 불치의 병이 아니라는 이야기도 있으나 알고 있으면 미리 예방을 하는 데 도움이 된다. 가령 색맹 중 색약 정도는 현대의 한방의학의 침술로 교정할 수도 있기 때문에 의학의 발전과 보조를 맞추면 어두운 생활을 면할 수 있지 않겠나 싶은 생각이다.

제4장

재미있는 실례

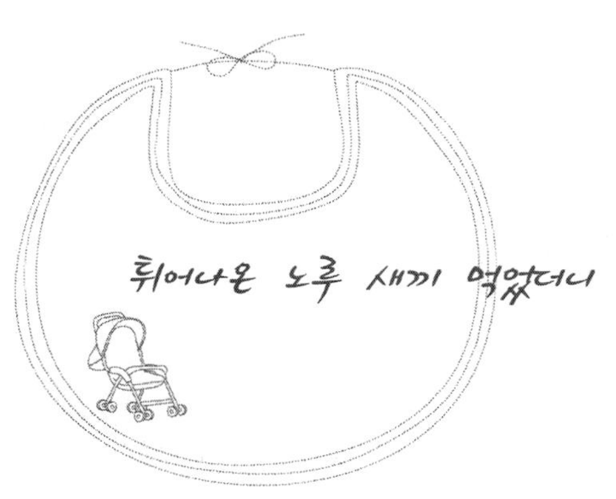

튀어나온 노루 새끼 억었더니

미국에서 사냥을 좋아하는 부부가 노루 사냥을 갔다. 한참 동안 헤매다 노루 한 마리를 발견하고 산 아래로 몰았다.

노루는 뒷다리가 길어서 올라가는 데는 무척 빠르기 때문에 산 아래로 몰아야 한다. 뒤뚱뒤뚱 산 아래로 도망을 치는 노루의 모습은 가관이다.

부부 사냥꾼은 점점 가까워지는 노루를 향하여 "탕" 하고 방아쇠를 당겼다. 멀리 도망가지 못한 노루는 쿠당탕 하며 쓰러졌고 부부는 기뻐하며 노루에게 다가갔다. 그러나 쓰러진 노루를 보고 부부는 소스라치게 놀랐다.

임신 중인 노루가 아닌가? 부인 사냥꾼은 자신도 임신 중이기 때문에 배 속에 있는 새끼 노루에 관심이 갔다. "여보, 이 노루의 배를 좀 갈라 보세요?"

말뜻을 알아차린 남편이 칼을 꺼내어 노루의 배를 가르자 노루 새끼가 깡충 튀어나오는 것이 아닌가? "어머나" 하며 놀란 부인은 살아나온 새끼 노루를 얼싸안고 집으로 돌아왔다.

귀여운 새끼를 안고 집에 왔을 때 새끼 노루는 이미 실신 상태여서 살릴 수 없었다. 그리고 잡아 온 노루를 요리하여 동네 파티를 열었는데 그중 새끼 노루고기는 부인 몫으로 하였다. 이는 아마도 우리나라에서 임신한 소를 잡았을 때 배 속에 있는 송아지를 송치라 하고 쇠고기 중에서도 '송치'는 제일 연하고 맛있는 고기로 알고 있는 것과 같은 의미로 해석된다.

하여튼 파티는 끝나고 얼마가 지난 뒤 그 부인은 산달이 되어 아기를 순산했다. 옥동자였다. 집안에는 경사가 겹쳤고 이웃과 친구, 친척을 모두 불러서 흥겨운 파티를 또 열었다.

그 후 영특하고 예쁜 아기는 무럭무럭 자라서 돌이 가까워지자 이 집에는 이상한 일이 생겼다. 엄마는 이 이상한 아기의 행동에 걱정이 되기 시작했다.

아기가 젖을 먹다가도 발길질을 하며 튀는데 눕혀 놓고 잠시 일을 하다 보면 멀리 가 있었다. 튀어 가지 않으면 그처럼 멀리 갈 수가 없는데 아이가 어떻게 가는지 참으로 알 수 없는 노릇이었다.

아기는 삼태기처럼 생긴 아기 바구니에 누워 있다가도 밖으로 툭 튀어서 떨어져 나와 "앙!" 하고 우는데 도대체 이 무슨 해괴한 일인지, 마치 콩이 튀듯이 튀기를 좋아하지 않는가.

돌잔치에 모였던 축하객에게 보인 이 모습은 모두를 의아하게 만들었다. 그때 동양권에서 이민 온 어느 늙수그레한 부인이 1년 전 노루사냥 때 있었던 일을 생각해 냈다. "아, 그때 그런 일이 있었지요?" 하고 물으니 아기 엄마도 그때서야 그 이유를 알게 되었고, 그래서 이 일은 서서히 실마리가 풀리기 시작했다.

우리나라(고국)에는 태교가 있는데 임신 중의 부인이 그런 음식을 삼가도록 가르치는 풍습이 있다고 이야기하며 고국에서 올 때 가져

온 '태교' 문헌을 보여 주었다.

이후 이 고장에선 각국의 태교에 대한 기록, 예문 등이 정리되었고 임신부에 대한 금기가 성행하게 되었다고 한다.

지금도 미국에서는 펜실베이니아의 이 마을이 어느 주에 비교되지 않을 만큼 태교를 중요시하는 고장이 되었는데 이 일화 때문이 아닌가 하고 그 고장을 다녀온 분이 이야기했다.

우리나라 속담에 "자식을 잘못 두면 범보다 무섭다"는 말이 있다. 귀여운 자녀는 자기 분신이며 평생을 같이 할 생명인데 어찌 이런 표현의 주인공이 됐는지 궁금하다. 그러나 아무리 과학 시대, 국제화 시대라 해도 인간의 존엄성이 무시될 때 우리는 부지불식간에 이 문제에 봉착하게 된다.

따라서 신혼부부는 이런 일을 당하지 않도록 처음부터 명심해야 된다. 세상에는 이보다 중요한 일이 많겠지만 인구 억제 시대라 해서 인간의 존엄성마저 상실하고 인간소외 풍조가 만연된다면, 이런 속담이 명언이란 생각이 들 수도 있다. 그래서 이 속담을 소개하는 것이다. 임신이 전제되면 잊는 일이 없기를 바란다.

사실 모든 일은 인간이 하며, 모든 물건도 인간을 위해 만들어지고 존재하는 것이다. 만물의 주인은 인간이며, 인간은 만물의 창조자라 할 수 있다. 즉, 차원 높은 신의 경지를 제외하고는 모두가 인간 위주인 셈이다.

그런데 나는 인간의 중요성을, 시기적으로 생긴 후가 아닌 발생 때부터라고 믿는다. 이는 태교를 깊이 연구하며 얻은 결론인데 '태어나면 이미 늦다'가 아닌 '임신하면 이미 늦다'는 말은 근본적으로 생기는 원인이 중요하기 때문이다.

인간은 처음부터 훌륭하게 생성되고 그다음 태중 생활을 잘 보낸 후 태어나야 한다. 발생부터가 정상적이지 못할 때 선천성이라는 질환은 여기서부터 시작된다.

달리 말하면 태어날 때의 천치 바보는 많은 돈을 들여도 치료가 힘이 들고, 잘못된 성격을 갖고 태어난 아기는 양육에 온 힘을 쏟아도 나쁜 성격이 잘 고쳐지지 않아 부모를 괴롭힌다는 것을 두고 하는 말이다.

그래서 '자식을 잘못 두면 범보다 무섭다'라는 속담이 있는가 보다.

모 업체에서 강의를 하기 위해 기다리던 중에 관리부장과 애기를 나누다가 "태교 강의가 미혼여성들에게 얼마나 중요한 것입니까?" 하는 질문을 받았다. 현 60만 인구 증가에 선천성 이상아가 2만이니까 정상아와 잘못된 아이의 비율이 30:1이라는 통계와 이상아들의 부모를 만난 이야기를 했다. 그때야 그분은 "아, 태교가 그런 일에 대한 예방강의입니까?" 하며 우리 직장에도 잘못된 아기를 가진 사람이 있었는데 2년 반 동안 모든 재산을 아기 병을 고치는 데 없애고, 옷가지마저 저당 잡히면서 고생을 했는데 결국 아기가 죽었다고 했다. 이제 다른 직장에 취직이 되어 잘 생활하겠지만, 그도 와서 들었으면 좋겠다고 안타까워하는 것이었다.

관심이 없을 때는 몰랐던 별의별 일들을 이 강의를 전문으로 하면서 상세히 알게 되었다.

부천에 사는 K 씨 집에는 알레르기성 체질을 감기로 착각하여 임신 중에 먹은 감기약 때문에 아기의 한쪽 귀가 안 자라는 일이 있었고, 말죽거리의 P 씨 집안에는 아들이 여섯 살이 되면서 부부가 같이 있을 때만 문을 활짝 열고 들어와서 중얼거린다는 이상한 이야기도 있다.

또 임신 전에 복용한 약이 아기를 기형으로 만든 경우 등 많은 실수가 생명을 소홀히 한 데서 연유했음을 볼 때 범이 무서운 것을 모른 무신경한 처사임을 알 수 있다. 실제로 가장 두려운 것은 잘못된 인간이며, 문제 청소년도 여기에 연유하고 있음을 본다.

이렇게 볼 때 임신을 기대하는 신혼부부는 행동 하나하나에 신경을 쓰고 생각도 옳은 방향으로 유도하는 지혜로운 생활을 하는 데 힘써야 할 것이다.

즉, 인간 문제에서 잘못된 인간보다 무서운 일이 무엇이겠으며, 이를 예방하는 것보다 중요한 일이 또 있겠는가?

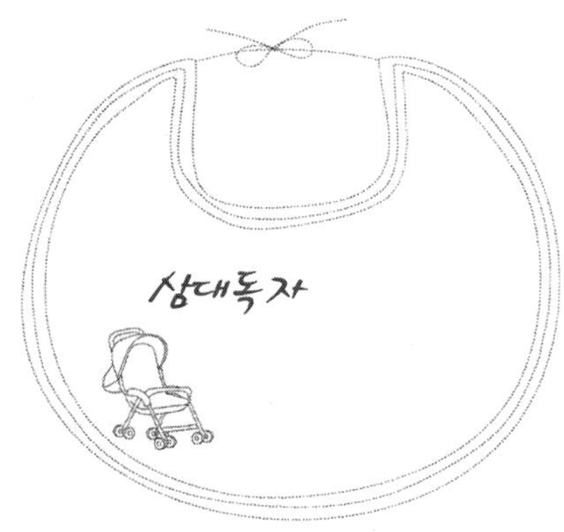

직장여성을 위한 강의에서 태교시간에 있었던 일이다.

하루 종일 근무에 피곤할 텐데도 열심히 앉아 듣고자 하는 여성들을 보고 태교에 관한 중요성을 깊이 인식하고 있음에 놀라지 않을 수 없었다.

강의가 끝난 후 수강했던 고등학교 여선생님 두 분과 얘기를 나누다가 자신의 경험담을 듣게 되었다.

그분은 임신 3개월 만에 병원의 권유에 의해 강제로 임신중절을 했다고 한다. 처음엔 오진으로 생각하고 병원을 다섯 군데나 다녀 봤지만 똑같이 기형아라는 진찰결과가 나와서 어쩔 수 없이 중절을 했다.

남편도 오진으로 생각했으나 결국은 우리는 다시 임신할 수 있으니까 병원의 지시대로 하자며 위로를 해 주었다. 그러나 시어머님께서는 이 사실을 아시고 노여움이 대단하셨다.

"그 아기가 누군데 삼대독자 집안에서 기형아를 임신했다니", "네가 매일 밤늦게 들어오더니 무슨 일이 있었느냐", "집안이 망하려니 원 별일 다보겠네" 하며 호통을 치시는데, 참으로 어이가 없고 변명할 여지도 없었다.

　본인은 학교에서 학생들 과제와 시험 준비, 또 문교부 지시, 교육위원회 보고서다 해서 수업이 끝나고도 산더미처럼 쌓인 일 때문에 늦었는데, 무슨 부정한 일이라도 있는 것처럼 시어머님께서 야단을 치시는 데는 참기 힘든 일이었단다.

　그 후엔 정신도 멍해지고 학교에서도 제대로 아이들 수업을 할 수 없었고 도대체 무엇이 잘못되어 기형아를 임신했는지 몰라 불안하고 우울했다는 것이다.

　남편이 옆에 와도 "안 돼요" 하며 거절하기 일쑤며, 그래도 우수한 성적으로 대학을 졸업하고 정상적인 사회인이라며 자신했지만, 이런 경우를 당하고 나니 자신의 지식과 삶에 대하여 회의를 느끼게 됐다.

　자신은 늘 잘 가르친다는 칭찬을 들었는데 그 후로는 자주 머리가 멍해지고 혼란스러워져 훌륭한 교육을 할 수 없었다. 이 소문은 곧장 교장선생님께 알려졌고 그분의 소개로 이 태교 강의를 듣게 되었다고 하며 오늘 강의로 자신은 새로운 지혜를 얻은 것 같다고 말했다.

　그런데 왜 이런 교육이 학교에서는 시행되지 않고 있는지 궁금하며 중학교에선 어렵다 해도 고등학교, 대학에서라도 시행했으면 좋겠다고 안타까워하기도 했다.

　목적지에 다다라서 인사를 나누고 헤어졌는데 그해 12월 그 학교에서 여고졸업생을 대상으로 특강을 요청했다. 막 강의 장소(강당)로 가는 도중에 누가 "선생님" 하며 한 여선생님이 뛰어와서 인사를 하였다. 그러고는, "저 요전에 태교 강의를 들은 사람이에요" 한다. 반갑게 인사를 나누며 "아, 요즘은 어떠신가요?" 하고 근황을 물으니 "이젠 잘되고 있어요. 현재 임신 7개월인데 무사합니다"라고 한다. 무척 반가웠다.

　"모쪼록 건강하고 영특한 아기를 출산하길 바랍니다"라는 인사를 나누고 돌아서면서 지난번의 태교 강의가 한 생명의 건강한 출산에 영향을 끼침에 매우 기쁜 생각이 들었다.

　그간에도 내가 저술한 책을 즉시 입수해서 그것을 자신이 익혀 학생들에게 조금씩 가르쳐 주었다는 말을 들었을 때는 고마운 마음이 샘솟고 이러한 조그마한 노력들이 장차 건강한 2세의 탄생에 큰 도움이 될 것이라는 생각이 들었다.

　그 후에도 강의하러 전국엘 다니지만 태교와 같은 필요한 지식이 왜 흙 속에 묻혀 빛을 보지 못했나 하고 느낄 때가 한두 번이 아니다. 계속 기회가 있을 때마다 많은 사람에게 올바른 태교를 전해야겠다는 사명감을 느끼며 모든 사람이 태교를 배우고 실천하려는 마음가짐을 가졌으면 하는 바람이다.

통계 조사를 하기 위해 정박아 수용소인 특수학교에 들러서 원장님과 여러 가지 의견을 교환한 적이 있었다. 그때 노크 소리와 함께 귀부인 한 분이 들어와서 인사를 하고 앉자 원장이 벨을 눌러 비서를 불렀다. 비서는 귀부인에게 "네, 오셨습니까? 잠깐 기다리세요"라고 인사를 하고서 잠시 후에 한 학생을 데리고 왔다.

원장님이 "어, 잘 있었니?"라고 말하자 "알련하쉐으"라며 그 학생은 발음도 정확하지 않고 무슨 말인지 알아듣지 못할 말로 인사를 하는 것이었다. 그러자 그 부인은 아이를 따뜻하게 부둥켜안았고 이 정경을 바라보느라 우리의 대화는 잠시 끊겼다. 나는 장학금이라도 전하러 온 분 같은데 아이를 저렇게 다정하고 따뜻하게 대해 줄까 하고 신기하게 생각했다.

잠시 후에 부인이 "잠깐 다녀오겠습니다"라고 말하자 원장 선생님은 그냥 "네"라고만 대답했다. 그들이 나간 후 나는 이 정경에 관심이 쏠렸다. 그래서 곧장 "뭐, 장학금이라도 전하러 온 분이겠지요?"라고 물으니 "아뇨, 생모입니다"라고 원장이 대답했다. 나는 깜짝 놀라서 어떻게 이런 일이 있을 수 있는지 의아해서 물었다. "인품으로 보나 그럴 분이 아닌데 어떻게 하다가 저런 아이를 낳았지요?" "글쎄 말입니다. 학식으로나 그분의 집안 환경으로나 그럴 수 있는 분은 아닌데……." "혹시라도 원인 같은 것을 물어보셨는지요?" 하니 "네 어렵게 어렵게 물었습니다만 그 원인을 잘 모르겠습니다." "그래도 어떤 계기가 있을 것 아닙니까?" 하니 "출산 때 잘못된 일인 것 같습니다만?" 하고 대답했다. "네, 출산 때요? 어디서 낳았는데요?" "글쎄요, 이거 확실히 말씀드릴 수는 없지만 병원에서 기계를 사용해서 집어낸 것 같습니다" 하며 두 손가락을 머리 위에 얹어 양쪽으로 벌인다. 말이 새지 않도록 단단히 주의를 시켜 놓고는 "연구하는 입장이시니까 말씀이지 내놓을 만한 이야긴 되지 못합니다" 한다.

물론 나도 개인의 사생활에 대한 언급을 피하려 하고 또 이를 약속하기도 했지만 다른 불행을 예방하고 지식을 넓히기 위한 교육의 차원에서 이 점을 다루는 것뿐이다.

이와 같은 불행은 출산 시 빚은 기계사용의 작은 실수의 결과라고 할 수밖에 없나? 그렇다면 이 책임을 누가 져야 하나?

출산 시에 양쪽 귀 위의 어느 부분을 건드리면 아기가 잘못될 수 있다는 말은 들었으나 믿지 않고 있었다. 그러나 정박아와 그 엄마의 만나는 장면을 본 뒤로 또 다른 불행을 예방하기 위해서는 출산 시의 기계사용에 대해서 확실하게 알고 넘어가려는 것이다. 이 엄마는 1주일에 한 번씩 이 학교에 와서 자식을 부둥켜안고 아무 말 없이 눈물만 흘리다가 간다고 하는데 이 일이 남의 일 같지 않게 느껴지고 가슴이 아파 오는 것은 비단 나뿐만이 아닌 거라는 생각이 들었다.

나는 생명 발생을 연구하는 사람으로서 이런 일을 예방할 수 있는 방법을 생각해 보았다.

　병원에서 잘못했을 리는 없고 결과가 이렇게 됐으니 이는 그냥 그 분의 운명이거니 하고 너그럽게 이해하려 해도 그럴 수가 없다. 그 때문에 그분은 이혼을 당하고 다시는 아기를 갖지 않겠다고 맹세했 다고 하는데 이는 논외의 이야기라 하더라도 여성들이 임신·출산에 관한 좀 더 깊은 지식을 갖추어야 할 것을 느끼게 된다. 이 이야기는 여성들 자신과 가정의 불행을 예방하기 위한 경험임을 느끼게 해 준 장면이었다고 생각한다.

지연이란 아기는 만 두 살이 채 못 되는 영특한 여자아이다.

할머니가 신문을 받아 들면 얼른 가서 돋보기를 가져와서 "할머니, 안경" 하며 가져다주고 외출에서 돌아오면 얼른 품에 안기며 그간 있었던 이야기를 해 준다. 전화 왔던 것도 기억했다가 떠듬거리기는 하지만 또렷하게 전해 주어서 상대방이 누군가를 알게 해 준다.

그런데 이 귀여운 아이가 선천성 기형아다. 부모는 버린 자식이라하며 아이에게 관심을 갖지 않는데 할머니가 아기를 측은하게 생각하고 영특함에 이끌려 돌보아 주고 있다.

엄마가 임신 중 감기약을 조제해 먹었다는데 한쪽 귀가 선천성 기형으로 자라지 않고 조그마하다. 병원들을 찾아다니며 고치려는 무진 애를 써 보았지만 한쪽 눈 옆부터 귀까지의 신경이 끊어진 상태라서 고칠 수가 없다고 한다.

뇌파 검사에서는 다행히 이상이 없다고 밝혀졌으나 심한 천식기가 있어 한번 기침을 시작하면 금방이라도 숨이 넘어갈 것 같아서 집안 식구가 진땀을 뺀다고 한다. 뭐니 뭐니 해도 집안에는 우환이 없어야 하는데 이 집에는 큰 우환덩어리가 있어서 앞날이 걱정이다.

한쪽 귀는 성장하는 동안 3차례 성형 수술을 하면 외양은 유지할 수 있다고 하지만 참으로 안타까운 일이다.

유치원에 들어가기 전에 한 번, 중학교 입학 전에 한 번, 20세 전후에 한 번 이렇게 3번의 수술을 해서 겉모습은 온전할 수 있다고 하나 웃을 때나 말할 때는 한쪽 뺨이 일그러지니 보기가 흉하다. 지금은 어리고 집에서 생활하니 괜찮지만 학교에 가서 친구들과 어울릴 때는 어떨까? 수치심이나 비굴함을 느끼지 않고도 지낼 수 있을지가 의문이다.

병원에서 자세히 알아본 결과로는 엄마가 알레르기성 체질이 아니냐고 묻더라는 것인데 알레르기성 체질의 여성과 임신 중에 복용한 감기약(성분 미상)과 관계를 가임여성들은 알아두어야 할 것 같다.

30명 중에 한 명이 태어난다는 증가된 선천성 기형문제는

이제는 태생에 앞서 발생 때부터 부부가 깊은 관심을 가져야 한다.

이제는 이 아이가 제법 밥도 잘 먹고 건강하기 때문에 정상발육에서 오는 자연 치유를 하나의 희망으로 삼고 있으며 늘 하나님께 기도하고 있다.

경제적으로 풍족한 집안이지만 아기가 이렇게 되고 보니 세상에서 가장 중요한 것은 인간이며 온전한 인간이 탄생했을 때 그 가정이 행복한 것이지 돈벌이에만 신경 쓰다가 이러한 불행한 사태가 일어나면 모든 게 허사라는 점을 느꼈다고 한다.

30명 중에 한 명이 태어난다는 증가된 선천성 기형 문제는 이제는 태생에 앞서 발생 때부터도 부부가 깊은 관심을 가져야 할 것이다.

선천성 질환아를 옛날에는 배냇병신 혹은 타고난 병신이라 했다.

태어나서부터 머리가 모자라 흔들리거나, 말을 잘 못하거나, 침을 흘리거나, 머리가 둔한 아이, 지혜가 모자라는 아이들을 가리켜 그렇게 불렀다.

그런데 요사이 보면 사라진 것으로 보이던 이런 아이들이 많이 눈에 띈다. 더욱이 이런 아이들만 수용하는 학원, 학교, 보호소 같은 곳에 가 보면 놀랄 정도다. 어디서 이렇게 많이 출산됐을까, 어떤 이유로 이렇게 됐을까를 알고 싶게 한다. 또 보통 때에는 별로 눈여겨보지 않아 몰랐는데 버스가 달려와 정차를 하고 그것을 타려고 달려갈 때 보면 그런 선천성 질환아들이 간혹 눈에 띈다.

다른 사람과 같은 기능을 발휘할 수가 없어서 오르고 내릴 때도 힘들어하는 모습을 보면 옆에서라도 돕고 싶고 안타까운 마음을 갖게 하는 애들이 나타나는 것을 보게 된다. 그리고 그를 키우는 부모의 마음은 얼마나 괴로울까 하고 생각하면 가슴이 뭉클할 때가 있다.

그런데 나는 그보다도 그 원인이 어디에 있을까 하고 생각해 본다. 유전일까? 아니 그런 건 아닌데…… 그럼 약물에서? 그러나 그건 모를 일이다. 만약 다른 이유가 있다면 태중의 영향 혹은 발생 때의 원인이 있을 수도 있겠다. 하지만 조사를 해 보지 않고 단정할 수는 없다. 다만 성문란과 미혼모들의 증가 추세를 보고 그런 기우가 생기는 것이다.

미혼모라고 해서 반드시 기형아를 출산할 이유는 없다. 그러나 누구의 아이인지도 모르고 키웠다든가, 임신 6개월 만에 중절할 생각을 했다느니, 우연한 실수로 이렇게 됐다느니 하며 자신을 변호하려 하는 심리 동향을 분석해 보면 무지나 소홀은 어떤 예방적 지식을 요구하고 있음을 알 수 있다.

> 요사이 보면 사라진 것으로 보이던 선천성 질환아들이 많이 눈에 띈다.
> 더욱이 이런 아이들만 수용하는 학원, 학교, 보호소 같은 곳에 가 보면 놀랄 정도다.
> 어디서 이렇게 많이 출산됐을까, 어떤 이유로 이렇게 됐을까를 알고 싶게 한다.

성문제와 발생문제는 그림자처럼 붙어 다닌다.

서구의 성 개방 풍조가 이 사회를 엄습하더니 무지한 어린 소녀들을 불행으로 몰고 있는 현상을 개탄하지 않을 수 없다.

그것을 분간할 수 있을 때라며 모르되 그렇지도 못할 때 흥미나 충동으로 빚어진 일 등은 자신뿐만 아니라 태어날 아기에게도 좋지 않은 영향을 줄 것이며 이런 데서 오는 정신적·심리적 영향은 적지 않다.

신문에도 보도되었지만 중학교에 다니는 여학생이 길을 가다가 차를 태워 준다는 바람에 동승했다가 욕을 당한 이야기, 직장의 상사하고 캠핑 갔다 있었던 이야기, 살기가 힘들어 고생하던 중 어쩌다 돈에 이끌려 그만 몸을 허락한 이야기 등 많은 성문란이 가져온 타락 사회의 병폐가 이젠 2세에까지 영향을 줌으로써 또 하나의 문제를 일으키고 있다.

논의의 대상이 되는 것은 여기서 생긴 기형아다. 혹 건강하게 태어난 사생아는 자손이 없는 집의 입양 대상이라도 되지만 그럴 수도 없는 기형아는 사회가 안아야 할 문제로 대두되는데 숫자가 늘어날수록 보통일이 아니다.

잘사는 미국, 스웨덴, 덴마크 같은 나라에서도 이 문제로 골치를 앓는다는데 이제 겨우 국민소득이 2천 불을 상회하며 중진국을 탈피하려는 개발도상국이 왜 이런 문제로 고민해야 하는가? 선진국에서 배울 것이 없어서 이런 못된 풍조를 받아들여야 했는가를 반성해야 될 때인 듯싶다. 각종의 기형아는 생겨서도 안 되지만 그런 일을 외면해서도 안 된다. 그들을 수용할 곳도 많지 않고 국민의 담세 능력도 부족하다. 이런 아이들의 증가는 돈 많은 나라에서도 해결하는 데 어려움을 겪는다는 것을 명심하고 자성해야 한다.

그 이유가 유전이건 환경이건 미연에 방지해야 할 것이다. 건강한 아이들이 후천적으로 장애아가 되는 경우만도 현재 200만 명에 이르고 있고 이들의 문제만도 어려운 국면인데 선천성 기형아에 대한 대책까지 마련하기란 힘든 일이다. 우리는 이를 알고 배냇병신은 미연에 방지하여야 할 것이다.

옛날에는 아기 소식이 있으면 온 집안의 기쁨이었다.

친척들이 태기가 있는 집안을 방문하면 첫인사로 소식이 있는 것에 대해 기쁨을 함께 나누고 임부에게 앞으로는 몸가짐이나 마음가짐, 행동에도 각별한 주의를 하게끔 조심시켰으며 생명의 발생에 외경의 마음을 표시하곤 했다.

그러나 요즘은 잉태된 아기를 두고 낳을까 말까 하고 망설이는 여성들이 있다고 한다. 인구 억제의 시대라 그럴 수도 있다고 이해하려 해도 생명에 대한 외경스러움이 사라진 것 같은 느낌이다. 혹시라도 낳지 않을 아기라면 미리 피임을 하든지 아니면 계획적인 출산을 할 일이지 생명을 어떻게 알고 하는 짓인지 태중 아기가 "낳을까? 말까?" 하는 소리를 들었으면 과연 어떠할지 보통문제가 아니다. 차마 입에 담을 수도 없는 말이지만 낳을까 말까라는 말은 아기를 떼느냐 마느냐를 망설이는 것으로 발전되며 그 말을 다시 풀이하면 아기를 죽일까 살릴까 하는 의미이다. 태중의 아기도 엄마의 말을 듣고 엄마의 마음을 읽는다고 하는데 이때 아기가 어떠할까를 생각하면 소름이 끼친다며 말을 잇지 못하는 분을 보았다.

교육자의 입장에서 철없는 젊은이들을 어떻게 꾸짖어야 좋을지 모르겠고, 이러한 시대적 풍조를 크게 막을 길은 없으나 천벌을 받을 일이라고 혼자 생각해 볼 때가 있다며 역시 이런 풍조도 태교 교육으로 방지할 수 있지 않은가 하고 이 태교 교육을 높이 칭찬했다.

우리는 인구 억제와 임신한 아기의 생사논의를 다시 한번 생각해 보아야 할 것이다. 잘못하여 임신중절을 하는 어쩔 수 없는 경우는 있겠으나 낳지 않을 생명은 처음부터 임신하지 않는 지혜를 발휘하여야겠다.

임신중절은 여성의 정신적·심리적인 면만이 아니라 신체적으로도 중요하다. 그리고 중절을 여러 번 하거나 혹 수술이 잘못됐을 경우에 오는 후유증 또한 오랫동안 건강에 영향을 줌을 미리 알아두어야 한다.

그것도 아기를 낳아 기르는 입장에서는 괜찮겠지만 아직 결혼 초여서 앞으로 원하는 첫 아기를 가져야 할 입장에 있는 가임여성 쪽은 더욱 그러하다. 중절 때 입은 상처가 채 아물기도 전에 그 옆을 통과한 정충이 상처를 입었다고 볼 때 이때의 정자·난자의 만남이 아무런 영향도 받지 않을 수가 없다는 원로 정객과 한의사와의 대담에서 들은 이야기는 충격이었다.

사실 임상실험의 결과가 궁금하기는 하나 요사이 원인을 알 수 없는 기형아와 선천성 질환아의 증가요인 중의 한 부분이 될 수 있다는 느낌이다. 따라서 생명의 성스러움 앞에서 발생을 소중하게 알고 올바른 잉태를 하기 위하여 조심하며 미리 알아두어야 할 일들은 적지 않다.

선진 사회의 현상이라고 왜곡되어 전해진 성 개방이 변형되어 성 문란으로까지 치달아 올라서 생기는 위험스러운 자기 불행을 막기 위해서도 알아둘 일이다.

2남 2녀를 둔 가정에 다른 형제 3남매는 모두 눈이 작거나 보통인데 한 아이만이 유난히 큰 눈을 가졌다. 누가 보면 다른 집 아이라고 할 만큼 눈이 큰 아이였는데 이 아기의 엄마만이 간직한 비밀이 있었다.

6·25전쟁이 발발한 후 이분은 먹고살기가 어려워 여기저기를 떠돌다가 UN군들이 진주하고 있는 부대 근처의 경기가 좋다는 소문을 듣고 그 근처에 가게를 차렸다. 많은 외국인들이 물건을 사러 왔는데 하나같이 눈들이 컸고 그중에서도 유난히 눈이 휜한 단골이 있어서 자주 만났다고 한다. 그때 마침 둘째아이를 임신 중이었는데 우리 아기도 저분의 눈을 좀 닮았으면 하는 욕심이 은연중에 생겼다. 확실치는 않으나 임신 중 원하는 바를 기도하면 이루어진다는 옛말이 기억나서 그분이 올 때면 늘 임신 중의 아기가 그런 눈을 가졌으면 하고 원하게 되었다.

남이 들으면 망측스럽다고 할 만큼 자주 그런 생각을 했으며 한국 사람들의 눈은 실눈같이 작아서 6·25 전란을 겪는 것이 아닌가 하고 생각될 때도 있었다. 그뿐만 아니라 자신은 8·15 전의 일제치하의 어려운 시대를 겪어 봤기 때문에 UN군을 평화군으로 훌륭하게 보고 있던 터라 아기에게도 어떤 희망을 걸면서 눈이라도 훤한 아기가 되었으면 했던 것 같다고 한다.

어리석은 소견이었지만 어쨌든 그 아이의 눈이 유난히도 커서 지금도 별명이 '눈보라'라고 한다. 한때는 무척 오해도 받았지만 태교라는 관점에서 그 비밀을 털어놓을 수 있게 되어 다행이며 태교책을 보고서 그간의 의문들이 풀렸다는 이야기도 했다.

또한 그 아이가 다른 애들과는 달리 영어도 잘하고 특별히 영어에 취미를 붙이더니 현재, 일선에서 영어 선생을 하는 이유도 그때 받았던 영향 때문이 아닌가 생각되며 자신은 현재 일본어를 가르치고 있는데 그 아이는 영어가 특기인 것이 바로 태교의 영향인 것을 느끼게 된다고 했다.

또 그녀는 부부 사이가 별로 좋지 않아 남편을 미워하는 일이 종종 있었는데 막내아들을 임신했을 때는 남편과 별거까지 할 만큼 남편을 미워해 말끝마다 욕을 하고 보기도 싫어하고 싸우기도 했다. 그런데 그 아들이 현재는 20세가 되었는데 엄마와는 의견이 맞지 않고 말끝마다 충돌이고 툭하면 집을 나가 친구네 집에서 자는 등 엄마의 마음을 괴롭힌다고 한다.

이런 일들을 통해서 참으로 태교가 무엇이며 얼마나 중요한가를 요사이 새롭게 느낀다면서 태교에 많은 관심을 보였다.

따라서 인간의 시작, 인간의 바탕이 형성되는 태중에 미치는 환경의 영향에 공감하며 이것을 결혼 전의 미혼여성에게 강의해 주는 것은 바로 현대생활의 단면을 설명하는 것이요, 여성의 행복은 어디서 오는가의 핵심임을 재인식하게 된다고 말한다.

부천에 사는 K 엄마는 아기가 자랄수록 두렵다.

왜냐하면 나이에 맞지 않게 아이의 눈치가 어찌나 빠른지 천재가 아닌가 하고 착각할 때가 한두 번이 아니며 무슨 생각이 나면 구석에 가서 숨기도 하고 총을 빼어 들고 "한탕 하면 돈 번다"라며 껄껄대기도 한단다.

사내아이도 아닌 겨우 네 살밖에 안 된 아이가 정서적인 노래나 책 보기 등 안정된 놀이에는 흥미가 없고 날쌘 장난, 문제 푸는 일, 무엇을 찾는 데는 선수다. 할머니가 바느질을 하려고 실패를 찾느라 여기저기를 뒤지면 물끄러미 바라보다가 성큼 일어나 어디선가 실패를 찾아온다. 어떻게 할머니가 찾는 것을 알았느냐고 신통해서 물으면 할머니가 손에 들고 있는 바늘을 가리킨다.

또 엄마가 퇴근해서 아침에 놓아두었던 명함을 찾느라 분주할 때도 눈치로 명함 있는 곳을 가리키며 엄마의 급함을 덜어 주는 등, 누가 이렇게 가르쳤는지 알 도리가 없을 만큼 영리하다.

그래서 엄마가 영리하니까 아이도 모전여전으로 엄마를 닮아서 영특할 거라고 생각했지만 임신 중 이야기를 하다가 다른 사실을 알게 되었다.

이 엄마는 임신 중 탐정소설에 흥미가 느껴져서 그것을 읽으며 소일했다. 그래서 『셜록 홈스』며 TV에 나오는 「미녀 삼총사」 등은 모든 일을 제쳐 두고서라도 읽고 보았다는 것이다. "한탕 하면 돈 번다"라는 말도 탐정 소설에 나오는 구절로 남편과도 몇 번 이야기를 나눈 적이 있었는데 그 일이 아기에게 영향을 끼칠 줄은 몰랐다는 것이다.

또한 임신 중 게를 먹으면 무는 아기를 낳는다는 태교 구절을 읽는 일이 있었으나 이를 믿지 않고 일부러 담백한 맛의 게를 즐겨 먹었다. 그리고 어느 때는 게의 집게로 남편의 손을 물기도 하는 장난을 치기도 했는데 자기 딸이 가끔 무는 모습에서 이상한 점을 느끼곤 한다.

태교책인 『태』의 첫 장에서 무는 아기의 버릇이 자신의 임신 중에 게를 가지고 장난친 일과 관계가 있음을 알게 되었다면서 전에는 이러한 것을 미신으로만 여기고 조심스러워야 할 행동을 왜 게을리했는지 모르겠다고 푸념을 했다.

신혼부부는 임신 중인 엄마의 행위가 이처럼 태아에 영향을 끼침을 명심하여 앞으로는 많은 여성들에게 불행한 일이 벌어지지 않기를 바란다.

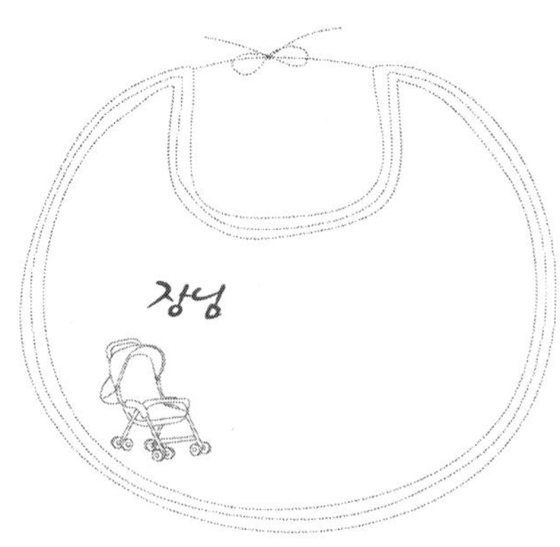

장님은 유전으로 인한 것인가 아니면 환경 때문인가를 연구하는 학자가 있다. 그리고 어떤 학자는 장님은 유전 쪽에서도 나타나지만 일부는 출산 때 잘못된 불순물(세균)이 감염되어서 시력을 잃는다는 의견을 제시했다.

전해져 내려오는 이야기로 부산 서면의 어느 집안에서 집을 허물고 새집을 지었는데 집을 허물 때 곡괭이에 눈이 찍혀 죽은 구렁이가 나왔다. 옛날에는 지금같이 '패루다', '파워쇼벨', '포클레인' 같은 기계가 없어서 곡괭이로 파고 삽으로 흙을 퍼 올렸었다.

한데 이 집을 허물 때 구렁이가 곡괭이에 찍혔고 괭이질을 한 집안에 장님이 생기더니 대대로 형제 중에 한 명은 꼭 장님이 된다고 한다.

그래서 이를 유전으로 보아야 하는지가 논란의 대상이 되었고 실험을 해 보지는 않았지만 종국적으로는 동양의 전통 태교 중의 한 대목이 간접적으로 뒷받침해 주었다.

수조동토(修造動土)라고 하여 임신부는 집을 고치거나 땅을 파고 메우거나 집을 짓느라고 나무를 엮고 못을 박고 철사를 엮어 매는 일을 하는 곳에는 가지 말라는 구절이 있다. 나아가서는 이때 교합하는 남자들에게서 이상한 결과를 맺는 일도 있다는 이야기도 듣게 된다.

어떤 사람은 형사로 근무하는데 범인을 잡아서 오랏줄로 두 팔목을 꽁꽁 묶고 경찰서까지 연행을 했다. 그날 밤 부부가 관계를 맺었는데 태중의 아기가 탯줄에 목이 묶였더라는 이야기도 있다. 또 집을 짓기 위하여 땅을 팠는데 한쪽 모퉁이에서 자꾸 물이 스며들어 이것을 틀어막는 일을 한 남편이 귀에서 물이 자꾸 나와 솜과 손가락으로 막는 꿈을 꾸고 교합을 했는데 그때 생긴 아기의 귀가 멀었더라는 이야기도 있다.

집을 부수면서 벽에 걸린 헌 그림(사진)을 삽으로 쳤는데 마침 그림의 가슴 부위가 맞아 찢어지는 모습에 섬뜩한 느낌을 가진 사람이 그날 저녁 가지 아기가 출생 후에 보니 선천성 심장병 아기였다는 이야기 등 믿을 수 없으나 일부에서 전해져 내려오는 이야기가 꽤 있다.

> 임신부는 집을 고치거나, 땅을 파고 메우거나
> 집을 짓느라고 나무를 엮고 못을 박고 철사를 엮어 매는 일을
> 하는 곳에는 가지 말라.

이런 일들을 과학이 어떻게 해명할 수 있는지는 몰라도 정신적·심리적인 문제요, 실험해 볼 수도 없는 것이므로 일단은 그런 일이 없도록 하는 일과 그런 곳에는 가지 않고 접근하지 않는 지혜가 제일이라 보인다.

반신불수 부부의 애처로운 사정

칠뜨기라 하여 일곱 달 반이라 불리는 어느 부족한 청년의 혼사문제가 번번이 깨졌다. 그러나 부모님의 끈질긴 노력 끝에 같은 또래의 여성과 인연을 맺어 부부를 이루었다.

결혼생활은 정상적이지 못하였으나 이 부부도 같이 살다 보니 아기를 갖게 되었다.

1년 남짓해서 임신했다는 소식이 들렸으나 부모·친척들은 걱정이 태산 같았다. 아기는 어떨까? 영특할까? 건강할까? 우리와 같이 건강한 아기가 태어날까? 많은 걱정으로 시간을 보내던 중 7개월 반이 되어 산모에게 진통이 와서 병원으로 달려가 아기를 낳았는데 역시 아기는 완전하지 못한 상태였다. 일곱 달 반의 조산아였다.

병원에 며칠 있다가 형편이 어려워서 집으로 데려왔으나 가끔 손짓발짓을 하며 깜짝깜짝 놀라서 다시 병원으로 데려갔더니 인큐베이터에서 좀 더 생활해야 한다는 판정이 났다. 하는 수 없이 병원에 맡겨 놓고 왔지만 하루에 들어가는 돈이 5~10만 원이니 아빠가 구둣방에 다니며 받는 수입인 한 달에 25만 원으로는 병원비도 충당할 수가 없었다.

열흘간을 참다 병원비가 100만 원에 가까워지자 더 이상 버틸 수가 없어 집으로 데려와서 키우는데 호흡도 제대로 못하는 덜된 생명은 엄마의 애틋한 보살핌과 노력도 헛수고로 만들고 말았다. 병원에서 돌아온 지 2~3일 만에 어린 생명이 시들어 버린 것이다.

한 생명을 소홀히 한 죄책감과 아픔으로 엄마는 울부짖었지만 선천적으로 잘못된 이 생명은 유전적 원인과 환경적 원인으로 생명을 다한 것이었다.

다시는 아기를 갖겠다고 마음먹는 그 자체가 어려울 것을 양가의 부모님들은 알고 있었으며 이로 인해 입은 엄마의 심적·정신적 고통은 말로 표현이 어려울 정도였다.

그래서 태교에서 두 번째로 꼽히는 훌륭한 임신, 즉 가임여성과 '남성의 태교'가 '임신 중 열 달 태교'보다 중요하다고 하는 것이며 이제부터 가임여성은 자신의 유전적·신체적 조건을 미리 검사하고 임신을 위한 부부생활에 들어갈 것을 특별히 권한다.

훌륭한 임신이 태중교육보다 중요하며 잘못된 임신을 태중에서 좋게 하는 일이 얼마나 어려운 것인가는 경험한 사람의 지식이며, 요즈음 과학계에서도 많은 실험을 통해서 밝혀내려 하고 있으니 기대를 가지고 기다려 보아야 할 뿐이다.

우리나라엔 알기 쉽게 비유한 재미난 속담들이 많다.

'손톱 곪는 건 알아도 염통 곪는 건 모른다'는 속담은 우리의 생활 철학으로서 예방적 지혜를 가르치려는 어머님들의 말씀이었다.

사람이 생활을 하다 보면 늘 눈앞의 일에만 신경이 쓰이고 안 보이는 곳이나 앞날의 일에까지는 신경을 못 쓰는 경우가 흔히 있다.

그러나 이런 일을 경험한 분이나 앞일을 짐작하는 분, 혜안으로 먼 장래를 보는 어른들은 미리 예측할 수 있기 때문에 예방하려는 측면에서 이런 표현으로 경각심을 불러일으켜 준다.

사실상 손톱이 곪는다는 것은 무척 아픈 일이다. '생인손 앓는다'고 하여 웬만한 사람은 쩔쩔매는 아픔이다. 주위가 떠들썩하고 견딜 수 없을 땐 울음을 참지 못할 정도로 아픈 염증의 일종이다.

그러나 염통이 곪는다는 것은 볼 수 있는 것도 아니며 앓아 본 사람도 별로 없으니 이야기의 대상이 되지 않는다.

아프기는 매한가지일지는 몰라도 염통은 인체의 중요기관으로 부분적 차원에서 본다면 염통과 손톱과의 차이는 엄청나다. 오장육부 중의 중심이며 생명의 원천인데 만약 이것이 고장 나면 생명과도 관계가 되는 것이다.

그런데 염통 곪는 것이 보이지 않는다고 손톱 곪는 것만큼도 중요하지 않게 생각한다면 나중에는 큰일을 당할 수도 있다는 의미로 이 속담이 쓰인다. 즉, 아무리 손톱이 아파도 염통이 곪지 않게 하는 지혜는 요구된다.

요즈음 젊은 여성들은 세대 차이를 말하며 시대가 바뀌어서 마치 다른 것인 양 자기주장을 많이 한다.

과학 시대, 컴퓨터 시대요, 남녀평등 시대로 남자도 아기를 낳을 수 있고, 시험관 아기도 만들 수 있는 시대인데 뭘 그러느냐는 식으로 판단들을 하기도 한다. 그것을 부정할 사람, 왜곡할 사람은 없다.

그러나 막상 불행을 당해 보면 이것의 참 의미를 알게 된다. 손톱 곪는 아픔이 현실이라면 염통 곪는 일은 앞을 내다보지 못할 때 생기는 장차의 일이다. 큰일을 놓고 작은 일에만 관심을 쏟을 때 생기는 불행의 씨앗일 수도 있기 때문에 불행을 미리 방지하려는 지혜는 중요하다.

가령 기형아를 출산한 사람은 임신 중 혹은 그전에 어떤 잘못이 있었기 때문이라는 확실한 원인분석을 할 수 있으며 그것을 미리 예방하지 않았기 때문에 인과응보의 법칙이 적용된다는 당위가 성립된다. 그래서 이런 일은 이미 가임기의 여성으로부터 시작해야 한다는 데에 초점을 맞춘다.

'나는 아직 결혼을 안 했으니까 이 정도는 괜찮겠지'라고 방심하는 어리석음은 배제되어야 한다. 물론 여성이 임신을 하면 언행을 함부로 해서는 안 된다는 것을 모르는 사람은 없다. 또 약을 남용해서도 안 된다는 것, 과로를 피하라는 것 등 모두 아는 사실이다. 그러나 바쁜 시대이고 임신 중에도 직장에 다니는 여성의 입장에서 보면 과로는 피할 수 없는 것이며 피곤하다 보니 약을 먹게 된다든지, 직장생활을 하다 보니 언행을 삼갈 수가 없었다든지 하는 변명을 한다면 돈을 번다는 수단 때문에 태아에게 미치는 영향을 도외시했다고밖에 할 수 없다.

또 요즈음 여성들은 시간의 제약을 받기 때문에 짧은 시간에 간단하게 배울 수 있는 지식을 찾는다. 그래서 지식을 주는 사람도 그 요구에 응해서 임신 중의 운동, 좋은 영양식, 무통분만, 영재육아 등의 관심이 쏠릴 만한 상품적인 지식을 내고 누구나 쉽게 관심을 가진다. 그러나 그런 지식이 어디 있겠는가?

아무리 과학이 발달했다고 해도 생명을 마음대로 조작하고 원하는 대로 만들 수 있다고 보지 않는다.

달나라를 가고 컴퓨터가 생기고, 시험관 아기가 생기는 시대라 해도 그것은 빙산의 일각으로 몇십 명의 실험 출산에 불과한 것이다. 수십만 년 인류 역사에서 보면 과연 어떤 결과가 오고 어떻게 대를 잇게 되는지 아직 요원한 일에 속한다.

다시 생각해 보면 기계가 발달하고 대량생산 체제가 돌입했다 해도 인간은 열 달을 채우지 않고 출산하면 조산이요, 5달 만에 낳은 아기가 살았다는 이야기는 들어 보질 못했다.

유전자 조작으로 호르몬주사를 놓아 난자가 한꺼번에 쏟아져 나오게 해서 다섯 쌍둥이를 출산했다는 해외 토픽뉴스는 있었지만 그건 실험적인 현상이지 인간이 돼지같이 생산될 수는 없다.

또 세계가 인구 폭발로 야단이지만 프랑스나 싱가포르에서는 출산을 장려하는 운동이 한창이며, 아무리 가족계획을 해도 낳을 사람을 하나라도 낳아야 하는 것이 가정이요, 오랜 인간의 역사다.

더욱이 부존자원이 인간밖에 없다는 우리나라 입장에서는 더 말할 필요가 없다. 또한 낳을 사람은 잘 낳아야지 아무렇게나 되는 대로 낳을 수는 없다. 그런 관점에서 볼 때 변하지 않는 열 달 태중 생활, 좋은 영향에서 좋은 아기가 만들어진다는 태교, 이것은 대자연의 순리요, 오래된 천리인 것을 잘 새겨 두어야 한다. 훌륭한 아기가 탄생할 때만이 평생 행복의 반려가 될 수 있다는 가르침을 명심하고 생명 발생을 몰라 염통을 곪게 하는 무지는 배제되어야 하지 않겠나 싶다.

아기를 훌륭히 낳은 사람의 기쁨은 세상의 어떤 기쁨과도 바꿀 수 없는 행복일 것이다.

일반적으로 남녀를 같이 놓고 어느 쪽이 더 강하냐고 물으면 그야 물론 "남성이 더 강하겠지" 하고 대답할 것이다.

외견상으론 남성이 근육형이고 활동적이며 힘든 노동을 하니 그렇게 보일 것이다. 또 여성은 곡선미, 각선미의 연약한 신체에다 집안의 섬세한 일이나 하며, 아기를 낳고 키우는 일 등은 힘을 쓰는 일이 아니니 그렇게 보이는 것도 당연하다.

그러나 의학적·심리적 관점에서 지구력, 영향력을 살펴보더라도 여성이 더 강하고 신체구조 면에서도 여성이 남성보다는 몇 가지를 더 갖추고 태어나는 것을 알아야 한다.

그것은 자궁과 경락이며 유방이다. 인간을 만들어 내는 자궁이 여성에게만 있고, 이 자궁이 활동하는 데 필요한 경락(경맥)이라는 것도 남성은 하나인 데 반해서 여성은 둘이 있다. 이런 기능은 유독 여성에게만 있는 특별한 것이다. 또한 여성에게는 강한 생활력도 있다.

그래서인지는 몰라도 여성이 연약해 보이지만 매우 강하다는 것은 결혼하여 살면서 아내를 관찰하면 알게 된다. 어떤 어려운 경우에 부딪혀도 참을성 있고 끄떡하지 않는 것은 남성보다 여성 쪽인 것을 발견한다. 그것은 여성이 타율적·의존적이며 적극적이 아니라는 데에도 원인이 있고, 남성을 정신적·심리적으로 지배 혹은 사육한다는 내재적 의미가 여성을 강하게 만들고 있는지도 모르겠다. 또 남녀가 같이 찬물 속에 들어가 인내력을 시합해 보면 아마도 남성보다는 여성이 더 오래 견디는 것을 볼 것이다.

그렇다고 여성이 함부로 남성 앞에서 강해서는 집안이 평화롭지 못하다. 이상하게도 그렇게 되면 그 집안은 균형이 깨지게 되며 그래서 우리나라의 『여훈』, 『내훈』, 『계녀서』 등에서는 여성은 지는 것처럼 행동해야 된다는 가르침이 전해져 오는지도 모르겠다.

딸을 출가시키며 당부하는 어머님의 말씀에 "그저 참고 견디어야 히느니라", "옳아도 참고 글러도 참아야 한다" 하는 말씀을 잘못 해석하는 사람에게서는 자주 "우리 엄마는 유교적이야, 구식이야" 하는 말을 듣게 되지만 천만의 말씀이다.

오히려 가정을 이끌어 본 오랜 경험이 있고 경륜을 터득한 사람은 이 말씀이 진리인 것을 알게 된다.

신이 여성을 강하게 만든 이유가 여기에 있다. 부부간에는 이기고 지는 것이 있을 수 없다. 이기는 것이 지는 것이요, 지는 것이 이기는 것이다. 이기려 하는 곳에 파탄이 있고 지려고 하는 곳엔 화목이 기다리고 있는 것은 체험한 사람들만이 말할 수 있는 경륜이라 해도 무방하다.

그리고 여성은 성욕이 너무 강하면 남편의 건강에도 해로울 뿐 아니라 홀로(과부)되는 일이 있으므로 이것을 예방하는 의미에서도 결혼상대는 맞는 사람으로 상대를 고르는 지혜를 밝히기를 아울러 부탁한다.

　사랑하기 때문에 결혼하지만 백 년을 행복할 수 있는 상대를 고른다는 것을 유경험자들의 믿을 만한 경험철학의 의미가 있다는 것도 덧붙여 둔다.

　이것을 태교가 아니라고 할지 모르지만 태교는 종합학문이요, 인간 교육이며, 인간 시작은 임신이기 때문에 훌륭한 임신을 위한 준비과정에 필요한 부분이라고 느껴져 소개하는 것이다. 사실 행복한 삶이란 두 남녀가 어울리게 짝지어질 때부터이기 때문에 참고가 되려는 뜻에서 소개한다.

　여성은 강하지만 약한 듯 행동하는 데 매력이 있고 그런 가정은 반드시 평화롭다. 이것은 철학이며 믿음이며 생활신조임을 신혼부부에게 전하고 싶은 것이며 이런 것을 부드럽게 받아들이는 생활에서 훌륭한 분신은 기대된다는 선각자들의 말씀을 덧붙인다.

일반적으로 교육이라 하면 아동을 학교에 보내 선생님의 가르침을 받는 것으로 알았는데 요즈음은 일찍이 유아원에 보내 유아원 보모 (교사)의 지도부터 받도록 하는 것으로 되어 가고 있다.

그러나 우리나라엔 예전부터 무릎학교가 있어 할머니·할아버지의 무릎이나, 엄마·아빠의 무릎에서 엄마라는 말, 죔죔·곤지곤지라는 재롱을 배우는 관습이 있었다.

핵가족 시대로 접어들면서 찾아보기 힘들어진 우리의 훌륭한 문화지만 이제 돌이켜 보니 아쉬움이 생긴다. 그러나 실제로 부모님을 모시고 사는 가정에는 아직도 그 맥이 이어지고 있다. 이런 가정은 풍성한 가풍과 부족함이 없는 생활, 즉, 불균형적이 아닌 건강한 가정형태를 이루어 화목하고 화기애애한 생활을 유지한다는 말을 듣는다.

행복한 가정은 꼭 돈이 많거나 집이 커서 존경받는 것이 아니라 훌륭한 가풍으로 서구의 문물을 무조건적으로 답습하지 않고 좋은 것과 나쁜 것을 잘 소화시키려는 모범된 가정, 복받은 가정이기에 부러움을 사는 것이다. 그런데 일련의 이런 일은 아기가 무사히 태어나기를 그리고 훌륭히 영특하게 태어나는 것이 전제되고 있다. 원천적으

로 근본 바탕이 잘 되어 있는 정상적인 아기가 아니고는 어떤 보살핌
도 물거품이 된다. 그것은 아기를 안아 주고 가르쳐 보면 안다. 좋은
품성을 태내에서 영향받은 아기는 귀여움을 받을 영특함이 보이지만
그렇지 못한 아기는 제 하고픈 대로 행동하게 되며 이렇게 되면 누가
아기를 돌보아 주기도 싫어하게 된다.

그래서 엄마는 품안의 정으로 이 아기의 심성을 개조하거나 교정
하느라 진땀을 흘리지만 이 일이 얼마나 어렵고 고달픈가를 경험해
보지 않고는 모를 것이다. 그래서 태교는 품안의 정의 중요성에 앞서
배 안의 보살핌을 강조하는 것이다.

인간이 형성되는 과정에서 일단 만들어진 아기의 본바탕은 모두가
엄마의 영향에 속하며 무엇을 어떻게 전달했느냐 하는 것으로 귀착
된다. 그러므로 아기가 제 스스로 그렇게 되었다는 말은 어불성설이
며, 이에는 반드시 엄마의 책임이 따른다. 태어난 후의 아기의 상태는
태중의 아기와 깊은 연결이 있다는 것을 놓고 볼 때 배 안의 보살핌
은 품안의 정을 받을 수 있게 하는 요체가 된다.

엄마의 품속 같은 생활을 갈망하는 새로운 분위기 속에서 우리는
측은한 정이 아닌 밝고 기쁜 정을 줄 수 있는 아기를 탄생시켜야겠다.

태교는 원래 좋은 점을 닮게 하는 우생학이며, 인간학이요, 하나를
가르쳐도 백을 알게 하는 영재교육이다.

엄마는 낳은 정이 있어서 당연히 아기를 품안에서 귀여워하고 정
을 주는 것 같지만, 자신도 미워할 성품의 아기, 슬픔을 주는 비정상
적인 아기는 엄마 품으로부터도 배척받을 위험이 있기 때문에 우리
는 미리 예방하여 귀엽고 성품이 착한 아기를 만들어야 한다.

아무리 자신의 성격과는 차이가 난다 해도 그것이 공중에서 떨어

진 성격도 아니요, 사랑하는 부부 사이의 결실이기에 다른 원인에 의한 결과라고 변명할 수 없다. 때문에 우리는 태어날 아이의 성격형성에 정성을 쏟아야 하며 원인과 경과 그리고 결과에 관심을 갖도록 해야 할 것이다. 그래서 태교에서는 인과율의 법칙을 논하지 않더라도, 생명의 시작이요, 원천이란 의미에서 따뜻한 사랑이 배 안으로부터 이루어져야 한다고 규정할 수 있다.

우리 속담에 '부부는 평생을 살아도 남남이다'라는 말이 있다.

현대인의 사랑 이야기 속에 이런 구절을 넣으면 아연실색하면서 잠꼬대 같은 소리라고 생각하기 쉽다. 그리고 세상에 남녀의 사랑만큼 아름다운 것이 무엇이며 그보다 귀한 것은 없다고 할지도 모른다.

요즘은 성격이 맞지 않거나 서로가 싫어지면 결혼을 했어도 각자 자기의 행복을 찾아 길을 갈 수 있을 만큼 남녀가 평등하며 그 정도의 권리는 보장되어 있다. 그리고 사실 사회도 발전하여 서구의 권리장전 이상으로 우리도 자신의 권리를 지킬 만큼 똑똑해지고 있다.

그러나 찬찬히 눈을 감고 생각에 잠겨 보자. 과연 인간이 무엇이며 어떻게 서로 맺어지며 어떤 삶을 살아가고 있는가에서부터 부부는 어떤 것인가, 남들은 어떻게 행복한 삶을 살고 있고 왜 사람은 불행해지는가, 부부 사이에는 무엇이 있으며 생긴 씨앗(생명)은 어떻게 자라야 하는가를 생각해 보면 일련의 대답이 떠오른다.

부부는 평생을 함께 살 약속을 하며 맺어지고 그 사이에선 아기가 태어나기 마련이다. 이것이 무슨 절대적인 섭리인지는 몰라도 인간의 역사는 그렇게 이루어졌고 또 그렇게 이어져 오고 있는 것이다.

우리 관습에는 내리사랑이라고 하여 부모에게서 받은 사랑을 자신의 분신인 아기에게 흠뻑 주며, 미래에 큰일을 할 수 있도록 온갖 정성으로 아기를 키운다. 이러한 삶의 과정 속에서 인간은 기쁨과 슬픔을 맛보게 되고 어려운 일들을 슬기롭게 대처하며 한 해, 두 해 늙어 가고 있는 것이다.

때로는 헤어지고 싶을 정도의 심한 부부싸움도 칼로 물 베기 식으로 끝내며, 밝아오는 다음 날의 아침을 새롭게 받아들이며 생활을 엮어 간다.

부부는 늘 같이 먹고 같이 자고 같은 시련을 함께하며 살아간다. 그러나 언제든 헤어질 수 있는 여지를 남겨 두고 같이 살아가며, 또는 헤어지기도 한다.

김씨 문중의 아들이 이씨 문중의 딸과 결혼했든, 박씨와 정씨가 결혼했든 김씨와 이씨는 다른 성씨의 자손이며 박씨와 정씨도 다른 문중의 자손들이다. 아니 자세히 말하면 피가 다르고 자라난 집안 내력, 삶의 목표도 다르며, 소질, 마음 씀씀이도 다르다. 그래서 부부는 서로 맞춰 가면서 행복하게 삶을 영위하기 위해 노력하는 것이다.

이때 서로 잘 맞추지 못하면 헤어지게 되는데 헤어짐이란 김씨는 김씨대로 이씨는 이씨대로 살아가는 것을 말함이며 둘 사이에 쌓인 세월도 뒤로한 채 본연의 자세가 된다고 한다. 진정으로 의사가 다르고 서로를 이해하며 살 수 없을 때는 헤어져야 하며 그래서 부부는 평생 살아도 남남이라고 하는가 보다.

그러면 부부가 헤어질 때 그 사이에서 태어난 자식은 어떻게 되는가?

여러 가지의 경우가 있을 수 있다. 엄마나 아빠가 자식을 그들의 슬하에서 키우거나 자식이 하나일 경우는 각자 스스로의 삶의 길을 가면 될 테지만 그렇지 못하다. 그 자식이 성장해서 결혼하고 분가하기 전까지는 부모가 책임져야 하기 때문이다. 이것은 우리나라에만 국한된 것이 아니다.

미국, 유럽, 호주, 아프리카 어느 곳에 가 보아도 형식이나 나이에 약간의 차이가 있을 뿐 인간이라면 모두 그렇게 하게끔 제도적으로 되어 있다. 그리고 이러한 관계를 혈육이라는 말로 표현하기도 한다.

부모와 자식 사이에는 끊을 수 없는 연결된 고리 같은 것이 있어서 헤어졌다가 다시 만나는 경우라든가, 잊어버렸다 다시 찾는 경우가 있더라도 혈육의 정은 이들을 단단한 끈으로 묶어서 피는 물보다 진함을 실감하게 해 준다. 부모와 자식은 같은 피가 흐르지만 아무리 같이 살아도 부부의 피는 같지가 않다. 그래서 부모와 자식 사이만은 끊을 수 없지만 부부는 평생을 살아도 남남이란 말이 생겼는지도 모른다.

요사이 서구 풍조 중에서 잘못 받아들여진 실존 철학의 영향으로 자식은 부부의 부속물이며, 부부는 그들의 삶을 즐기는 것이 최상이라고 여기는 사람이 있다면 이는 천륜을 저버리는 짧은 소견을 가진 어리석은 행동이라 할 수 있다.

부부는 일심동체요, 백년가약을 맺은 사이지만 만약 헤어진다면 언제나 남남이 될 수 있는 입장임을 잊어서는 안 되며, 어떠한 경우라도 내가 낳은 내 자식을 소중하게 생각해야 할 것이다.

따라서 자식은 훌륭하게 낳아서 키워야 한다는 당위가 성립된다.

자식은 반드시 종족번식이란 의미가 아니더라도 자신의 분신이기 때문에 자식이 잘되고 잘못됨은 자기를 거울에 비추는 것과도 같다. 훌륭한 자식은 자기를 자랑스럽게 해주며 뽐내고 행복하게 만들어 주지만 그렇지 못하면 슬프게 될 것이다.

　그러므로 모든 미혼 남녀가 결혼한 부부는 자신의 분신이란 무엇인가를 명백히 알고 결혼을 맞이해야 하며 훌륭한 잉태를 준비하는 현명한 사람이 되어야 할 것이다.

　그런 사람만이 행복을 소유할 자격이 있고 그 행복이 지속되기 때문이다.

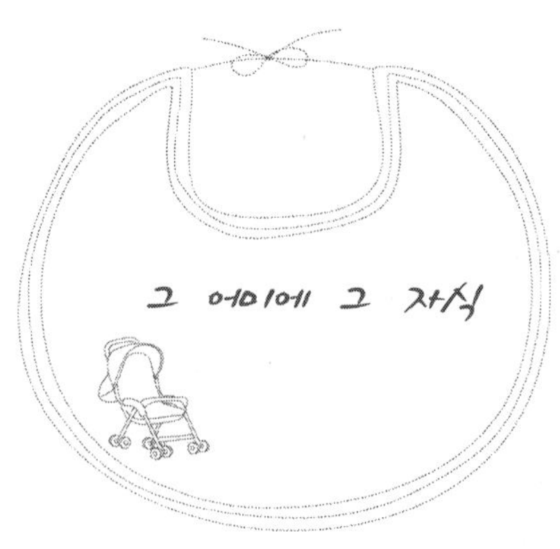

남녀가 선을 본 후 신랑감·신부감의 인성을 파악하기 위해서는 본인보다 그의 부모들 쪽에 관심을 기울이게 된다.

특히 신부감의 경우 "그 엄마라면" 하는 것과 "그 어미의 그 자식" 하는 평을 낳기도 한다. 전자의 경우는 당사자의 일거일동을 다 보지 않아도 그 어머니를 보니 합격이요, 알 만하다는 의미이고 후자의 경우는 불합격이요, 나쁜 의미의 상징이기도 하다.

그리고 이 같은 말은 엄마의 성품과 비교하여 상대를 판단한다는 뜻임에 틀림없다. 집안 내력이나 엄마의 품성을 보며 그 자식의 됨됨이를 알 수 있다는 경험철학인데 상당히 과학적인 것 같다.

한참 자라나는 젊은이들의 면모에서는 알 수 없는 것들이 그 엄마의 풍모에서는 쉽게 나타나기 때문이다. 그리고 그 성품 형성은 자라면서 보고 배운 바를 의미하기 때문에 유전과는 무관하며 오히려 근본적 영향인 태내 문제까지 생각해 볼 수 있는 바라고도 할 수 있겠다.

고생은 얼마나 했으며, 부모를 섬기는 인품, 가족 간의 화목을 위해 얼마나 인내할 것인가 등은 그 엄마를 보면 바로 알 수 있으며 그래서 엄마는 그 자식의 거울이라 해도 무방하다.

그런데 서구식을 표방한 현대적 방법에는 이 절차가 생략되어 결손가정이 늘고 있다는 지적도 있다. 그래서 우리 문화를 함부로 버리려는 풍조는 재고되어야 할 것으로 느끼는데, 실제로 모자의 관계가 닮음의 뜻을 내포하고 있는 데는 이의가 없다.

그것은 자식은 부모의 언행에 힘입어 자라나고 형성된다는 면에서 맥이 통하며, 직장 때문에 헤어져 사는 사람들의 경우에는 약간의 차이를 발견할 수도 있지만 설혹 그렇더라도 부모의 일거수일투족이 자식에게 크게 영향 끼쳐지며 부모의 생활습관은 자식에게 그대로 복사되는 것 같다. 그런데 그 복사가 태내의 영향과 관계있음을 잊고 사는 사람들이 많다. 태내에서 좋은 영향을 받은 사람은 그 후에 좀 나쁜 환경에 접하더리도 쉽게 올비로 돌아오지만, 그렇지 못한 사람들은 후에도 고치기가 힘들다고 한다.

> 성품 형성은 자라면서 보고 배운 바를 의미하기 때문에
>
> 유전과는 무관하며 오히려 근본적인 영향인
>
> 태내 문제까지를 생각해 볼 수 있는 바이다.

태교가 중요한 이유가 여기 있다. 중요할 뿐만 아니라 바로 그 인생의 결정이라 볼 수 있으며 태내에서 어떤 영향을 받았는가가 평생에 걸쳐서 그 사람의 삶에 나타나게 된다.

즉, 자식이 행복한 삶을 살기를 바란다면 인간 발생부터 힘쓰고 노력하자. 그 어미에 그 자식 소리는 듣지 말아야 할 것 아닌가.

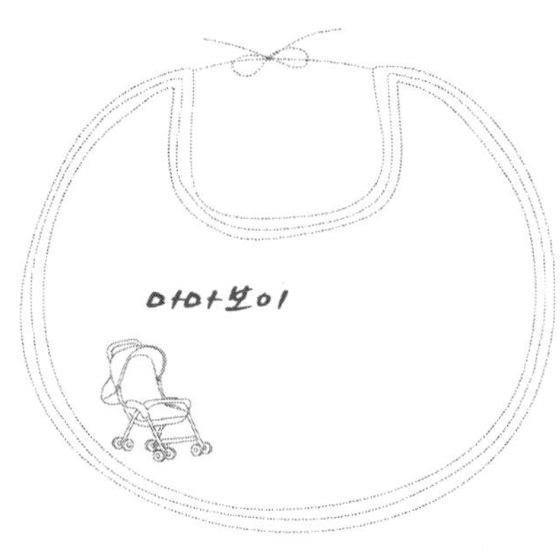

　우리에겐 생소할는지 모르지만 미국 젊은이들 사이에서 떠도는 용어로 '마마 보이'라는 말이 있다. 간단히 말해서 '다 큰 놈이 아직도 엄마 치맛자락에 매달리는 놈' 혹은 '아직도 엄마가 이래야 된다 저러면 안 된다 하는 말에 의지하려는 놈'이라는 뜻으로 15세가 넘었는데도 독립 정신이 투철하지 못한 놈, 아니면 우리말로는 '철이 덜든 놈'이라든가 '아직도 코흘리개 노릇이냐' 하며 '너 같은 놈은 우리 편에 넣을 수 없다'고 하는 의미로 해석할 수 있다.

　미국과 같이 육아하는 데 일찍이 독립 정신을 부여해 주는 나라도 그리 흔치는 않다. 15세라면 우리나라에선 겨우 중학생밖에 안 되는데 벌써 혼자서 자기의 길을 개척하고 자신의 판단으로 자기 일을 처리할 수 있게 한다는 것이 우리에겐 잘 이해되지 않는 철저한 독립심을 키우는 교육이다.

　그러나 급격히 변천하는 시대상황에서 이러한 외래적 풍조를 쉽게 받아들일 수도 단순히 배격할 수만도 없기 때문에 일단 자세히 살펴보아야 한다. 다시 말하면 일부에선 이것을 선진국의 발전된 모습으로 볼 수 있고 또 일부에서는 우리 고유의 관습을 주장할 수도 있기 때문에 이것을 비교하여 장단점을 나눠 보자는 뜻이다.

그것을 독립심이라는 측면에서 볼 때는 매우 훌륭한 면으로 보이기도 하지만 이런 풍습으로 끝내는 부모가 실직하고 나이가 들어서 거지가 되어도 자식이 돌보지 않는 일면을 볼 수 있다. 우리나라에선 부모를 편히 봉양은 못 할지언정 동냥하게 하는 일은 말도 되지 않는 큰 불효이며 살아생전 잘 모시지 못한 죄는 돌아가신 후에라도 제사상을 잘 차려 부모님의 은공을 보상코자 하고 있다. 같은 전통은 꼭 유교적인 것이라 버리지 못하는 것이 아니라 바로 우리에게 맞는 관습이요, 오랫동안 전해져 내려온 미풍양속이기 때문이 아닐까 한다.

이제라도 이러한 미풍양속을 버리고 미국식으로 살아 보자 한다면 아마도 많은 분들이 죽느니만 못한 것으로 여길 것이다. 미국에 이민 갔다가 적응하지 못하고 돌아온 노인분들을 만나 보니 늙은 사람이 살 곳이 못 된다는 푸념뿐이었다. 그리고 연금 아니라 순금을 주어도 나는 내 나라가 좋더라는 노인들이 많다. 역시 부모를 공경하며 모시는 사람 사는 풍습은 우리나라가 좋은 것 같다.

또한 이 독립심이란 의미를 동물 세계와 비교해 보았다. 과연 동물들은 자식을 어떻게 키우며 언제부터 어떻게 독립을 시키는지를 알아보니 비유가 꼭 맞는다고는 할 수 없지만 재미있었다. 대개의 동물은 새끼를 낳아 품안에서 키운다. 그러나 혼자 걷고 혼자 생존할 수 있을 때쯤이 되면 엄마는 자주 새끼를 품으로부터 밀어낸다. 이때는 벌써 적으로부터의 공격대상에서 제외됐다는 얘기도 되고 혼자서 제 먹이를 찾아 먹을 수 있을 정도로 커서 더 이상 엄마의 보호가 필요치 않다는 의미라 한다.

그 시기는 동물마다 다른데 일단 그런 시기를 어느 때로 보느냐 하는 데 관심이 있다. 이것은 단순히 동물 세계에 국한된 것으로 보지 않고 자연의 순리 혹은 원시적 인간 본연의 자세를 떠올려 보려는 데 있다. 그러면서 그 후 어떻게 변했나와 왜 그렇게 변했나를 알아보는 데, 이로써 앞으로 자신이 육아를 하는 데 신념 같은 것을 가질 수 있었으면 하는 바람이다.

범의 세계를 보면 약간 비정하다고 느낄는지는 모르나 어미 범이 새끼 범을 물어서 일정한 높이의 낭떠러지에서 떨어뜨린다. 그래서 무사히 살아오는 놈에겐 살 능력이 있는 놈으로 여겨 귀여워하니 다치거나 죽는 놈은 미련 없이 잊어버린다.

또 거북이는 알을 바다 근처의 모래사장에 파묻고 간다. 그곳에서 부화된 새끼는 자신이 살 곳이 바다라 느끼고 어기적어기적 바다로 향하는데 이때에도 날짐승의 밥이 되는 놈, 끝까지 달려가 바다 속으로 들어가는 놈 등의 여러 가지 형태가 있다.

캥거루 같은 동물은 배에 있는 주머니 속에서 엄마의 보호를 받으며 일정 기간을 자라다가 때가 되면 주머니 밖으로 나와 엄마 뒤를 따른다. 약육강식의 세계에서 잡아먹히면 끝장이요, 적자생존의 법칙으로 자신을 잘 요리하는 놈은 잘 자라서 생존하게 된다.

> 대개의 동물은 새끼를 낳아 품안에서 키운다.
> 그러나 혼자 걷고 혼자 생존할 수 있을 때쯤이 되면
> 어미는 자주 새끼를 품으로부터 밀어낸다.

　그런데 인간은 다른 차원의 생존을 영위한다. 자손을 낳아 키우되 많은 시간을 부모가 같이 한다. 부모의 가호와 가르침과 보살핌을 받으며 거의 1/3이 되는 생의 기간을 교육받으며 가족단위에서 생활한다. 동양권, 그중에서도 우리나라에선 더한 듯하다. 대가족제도의 옛날 우리나라 사회에선 거의 반평생을 부모와 같이 보내며 장남은 온 생을 그렇게 지내기도 했다. 이것이 외국 사람의 눈, 특히 영국의 아널드 토인비에게 비쳤을 때 그는 훌륭한 가족제도라고 칭찬했었다. 그러나 요즘의 사회에서는 비판의 대상이 된다.

　그래서 핵가족이 늘고 독립정신이 발달되어 가고 있다. 그러나 여기서 다시 음미해 보고자 하는 것은 독립심의 정립문제이다. 과연 우리는 발전을 하고 있는 것인지 아니면 일시저 변혁만을 시도하고 있는지에 관하여 생각해 보니 장려해야 할 것과 그렇지 못한 것이 발견되는데 이것은 태교의 5단계인 육아의 방법론인 엄마의 지혜와 연결된다. 우리의 풍습·전통에는 좋은 점이 많지만 변화하는 시대상황에는 맞지 않는 점도 있다. 여기서 과연 젊은이들이 취해야 할 길은 무엇이며 기성세대가 넘겨 줄 유산은 무엇일까 생각해 보았다.

　그래서 삶의 지표를 정립할 지혜에 작은 도움이 될 수 있는 바를 전하려 한다. 과도기적인 현상에서 젊은 세대들은 바른 지식을 알고 비교 관찰하고 창조해 내야 한다. 그렇다고 아무것도 받아들이지 않는 자세에도 문제는 있으며 더욱이 아무것도 모르면서 덮어놓고 앞으로 나가려는 자세는 더욱 위험한 행동이다. 세상은 좁고도 넓다. 얼마든지 길은 있고 잘 접목을 시키면 좋은 미래가 있을 것이다. 욕심 같아서는 좋은 점만을 접목시켜 발전시키고 싶지만 이것은 누가 만들어 주는 것도 아니고 자신의 일이다. 만들어서 남에게 줄 것도 아니고 자신의 재산이 될 것이다. 좋은 결과는 바로 우리를 행복의 세계로 인도할 것이요, 나쁜 결과는 불운의 늪으로 떨어뜨릴 것이다.

세상도 바뀌고 제도도 자주 바뀌어 어려운 면이 없는 것은 아니지만 방향을 잃고 갈팡질팡하는 사람이 있다면 이것이야말로 문제가 되니 우리가 정신을 가다듬고 올바른 방향을 모색해야 될 때가 아닌가 한다. 남이 하니까 나도 한다는 것은 무능한 사람들이 하는 행동이며 자기 창조는 자기가 하여야겠다.

우리는 어떤 지표를 설정하고 어떤 지혜로써 삶을 영위하느냐에 따라 장래가 결정지어진다. 모쪼록 좋은 결과를 맺을 자세를 갖추었으면 한다.

인간의 시작은 태교로부터이며, 이때 잘된 태교는 여러분을 행복하게 해 줄 것이다. 육아에 있어서도 방법만이 아닌 좋은 방향이 모색되어 실천될 때에만 좋은 결실을 맺을 수 있다.

발명의 왕이며, 전기를 발명하여 인류가 밝은 밤을 누릴 수 있도록 해준 에디슨이 노년기에 들어서 장미꽃을 사랑하며 가꾸었다고 한다.

오월이 되어 장미가 널따란 앞뜰에 만발하게 되면 지나는 사람들에게 한껏 사랑을 받게 된다. 그 짙은 향기며 꽃잎의 우아한 자태는 사람들로 하여금 그냥 지나치지 못하게 하고 소유하고 싶은 충동까지 야기시킨다. 에디슨의 장미 정원을 본 욕심이 많고 시기가 유별난 여성들은 얕은 담을 넘어 장미 몇 송이를 꺾어 갔으며 그 뒤로도 계속 꽃을 꺾어 가는 사람의 발길이 이어진 후 얼마 안 가서 장미 꽃밭은 꺾인 가지와 흐트러진 꽃잎, 마구 밟힌 잔디, 앙상하게 드러난 뿌리만이 남아서 에디슨을 슬프게 했다.

그래도 에디슨은 계속해서 꽃을 가꾸고 또 정성껏 보살펴 주었다.

여기, 한 토막의 일화를 통해서 우리 자신을 비춰 보자. 이 시대 우리의 사회나 자기의 주변에서 일어나는 여러 가지 일을 돌이켜 보면 어떠한가?

소유욕, 지배욕, 선점욕 등등, 내 것으로 만들지 않으면 직성이 풀리지 않고 내가 유명해져야 하고, 내가 먼저 높은 지위에 올라야 하고, 늙고 젊고를 가리지 않고 나만 잘되면 그만이라는 잘못된 풍조가 만연되고 있다.

구미를 다녀온 사람들이 미국은 어떠하고 일본은 어떻다며 우리 사회에는 잘못된 사람들만이 존재하는 것처럼 떠들어댈 때, 아름다운 우리나라 가족제도는 멍이 들고, 훌륭한 부부애는 변태적으로 발전하며, 남녀평등의 좋은 의미는 엉뚱한 곳으로 잘못 유도되고 있지 않나 하는 의구심이 생긴다.

그렇다고 이미 퇴조를 이룬 '남녀칠세부동석'을 따르자는 것도 아니며, 출가하는 여성에게 '칠거지악'을 기억하라는 이야기도 아니다. 그러나 아름다운 것은 아름다움으로 지키고 개선해야 할 것은 개선하는 것이 발전임을 기억하고 조화를 이루도록 하여 비합리적인 일이 발생하는 것을 막아야 한다.

가령 나와 남, 개체와 공동체의 의식도 없이 욕심만이 난무한다면 과연 편안하고 질서 있는 사회, 살고 싶은 아름다운 사회가 존립할 수 있을까?

따라서 자신은 남에게 들키지 않았으니까 괜찮다고 안심할는지 모르지만 임신을 앞둔 여성, 임신 중의 여성의 입장에서는 그러한 위법행위는 제2세에게 영향을 미치게 되고 어떤 잘못된 결과의 원인이 될는지 모른다. 그렇기 때문에 인과응보의 법칙에 따라 장차 후회할 일에 걸려들지 모르는 것이다.

태아의 형성·발달을 연구하며 살펴본 결과, 태아는 그러한 행동에 크게 영향받고 닮고 있음을 알 수 있었다. 에디슨의 꽃 이야기는 매우 간단한 작은 비유의 이야기지만 자신을 영원히 행복하게 하는 길이 무엇인가에 대한 내용인 것이다. 사회에 널려 있는 여러 가지 위법의 경우를 이것과 비교하여 행복을 위한 지혜를 찾아내는 것은 필요한 일이기에 적어 본다.

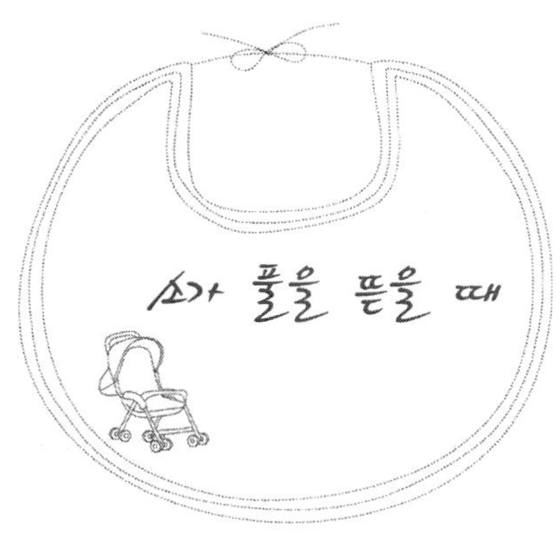

들에서 소가 풀을 뜯는 모습을 자세히 살펴보면 소는 한곳에서 같은 종류의 풀을 다 먹고 난 후 다른 종류의 풀을 뜯어 먹는다.

그러나 돼지는 이것저것을 다 섞어서 한꺼번에 먹기 때문에 사람도 섞어 먹으면 노인들은 꿀꿀이죽을 먹는다고 꾸중을 하신다.

지역 특성에 따라 각기 음식 만드는 솜씨가 다른데 같은 종류의 김치를 담글 때도 밤, 잣 등을 넣어 보쌈김치를 만드는가 하면 젓갈을 넣어 맛을 내기도 하고, 어느 지방에서는 하얀 백김치를 담그기도 한다.

사람에 따라서는 식성이 달라 좋아하는 음식 맛도 다르다. 현대 의학에서는 사람의 식성도 단것, 짠 것, 매운 것 등이 다르고 이에 따라 타액이 분비되며 그 정도를 잘 맞추어 섭취할 때 소화도 잘된다는 식품영양학자들의 논문이 발표되고 있다.

그런데 요즈음 서구 음식을 영양식이라고 마구 섞어 먹는 경향이 있다. 건강한 식욕과 좋은 분위기에서는 식사니까 좋겠지만, 임신부의 경우에는 각별히 신경 써서 근본적인 것을 알아두고 식생활을 하는 게 바람직하다.

소가 풀을 먹는 모습은 소에 국한된 것이 아니라 좋은 식사방법의 본보기가 된다.

  식생활을 할 때 역시 짠 것, 매운 것, 고소한 것을 따로따로 씹으면 음식 맛이 훨씬 다르며, 입맛이 없는 임신부는 이 방법을 잘 활용하면 건강한 태아를 키우는 데 도움이 될 것이다.

얼마 전까지만 해도 동물에겐 감성이 없는 것으로 알았다.

그러나 집에서 기르는 동물인 개나 고양이의 생활을 유심히 관찰하고 병을 치료하는 가축병원 원장의 이야기를 들어 보면 가축에게도 감정과 눈물이 있고 여러 가지 질병이 있는 것을 알 수 있었다.

새끼를 낳은 지 보름이나 한 달이 되면 새끼 분양이 된다. 그런데 제 새끼가 없어진 것을 알거나 같이 동거하던 짝이 죽든가 하면 이별의 슬픔을 나타내는 것을 볼 수 있다. 어떤 때는 제 새끼가 없어지면 어미는 식음을 전폐하는 일도 있다. 물론 한정된 기간 동안의 일이지만 이것은 슬픈 마음 때문인 것이다.

또 어떤 동물은 눈물까지 흘리는데 얼마나 마음이 아프면 저럴까 하여 사람들의 감정을 자극하기도 한다. 어떤 주인은 맛있는 음식을 만들어 주기도 하고 좋은 말로 위로도 한다. 그런데 병원에 오는 개들을 보면 세균성 질환 이외에도 잡병이 있다. 의사는 일단 병명을 알아내어 그에 맞는 처방을 하지만 그것은 세균성이 아닌 질병인 경우다.

그래서 동물도 질병이 있다고 인정하고 있다.

이렇게 볼 때 육식을 좋아하는 사람들에게 이상한 병이 발생한다는 이야기도 무시하지 못할 바다. 실제로 세균성 질환이 동물로부터 전해지는 경우를 보았는데 AIDS가 좋은 예다. 일설에 의하면 AIDS가 아프리카의 원숭이로부터 전파되었다고 하는데 일말의 연관성을 찾아볼 수 있다.

동물을 귀여워하는 것은 좋으나 임신부나 얼마 후 아기를
갖게 될 부부들은 세균성 질환에 유의하여 접근을 멀리하는
지혜를 가져야겠다.

또 동물에게도 상사병 같은 것을 발견할 수 있는데 어느 집 개(수놈)가 갑자기 밥을 먹지 않고 말라 가고 있었다. 개를 여러 각도로 검진했으나 병을 발견하지 못했는데 2, 3일을 두고 관찰한 결과 한번은 우연히 이놈의 앞다리를 모아놓고 그 사이에다 자신의 생식기(페니스)를 발기시키며 이상한 짓을 하는 걸 발견했다.

의사는 즉시 그것이 마음(정신)의 병임을 알아차리고 개 주인에게 전화를 해서 알아보니 얼마 전에 동네에서 친하게 지낸 암놈이 있었는데 그 집이 이사하여 암놈이 없어졌다는 말을 했다. 암놈이 이사한 시기와 개가 식욕이 떨어진 때를 맞춰 보니 일치하더라는 것이다.

그래서 개에게도 상사병이 있다는 것을 알았다. 집에서 기르는 강아지나 다른 가축들도 주인을 알아보며 꼬리를 흔들며 따르는 것을 보면 동물에게도 감성이 있음을 알 수 있다. 이들은 먹이를 줄 때는 물론이지만 그렇지 않을 때도 귀여워하면 좋아하고 때리거나 미워하

면 꼬리를 감추고 슬금슬금 피한다. 이것을 보면 동물에게 감성이 없다는 것은 객관적 판단이며, 동물을 깊이 연구하지 못한 시대의 사고라 해도 잘못됨이 없을 것 같다.

그렇다고 동물을 인간에 비유할 수는 없지만 동물에게도 특히, 집에서 기르는 가축에게 인간처럼 감성이 있으며 마음의 병도 있는 것으로 보인다. 따라서 동물을 귀여워하는 것은 좋으나 임신부나 얼마 후 아기를 갖게 될 부부들은 세균성 질환에 유의하여 접근을 멀리하는 지혜를 가져야겠다.

지금은 미국 LA에서 KAL에 근무하고 있는 엘레나는 원래 한국 태생이다. 그 엘레나가 미국으로 건너간 지 11년 만에 고국 땅을 밟았다. 많은 일가친척들이 모인 자리에서 갑자기 옛날 버릇 이야기가 나와 "참! 엘레나 너 요즘도 잘 꼬집니?" 하며 모두들 웃음을 터뜨렸다.

어려서 친구들과 놀다가도 어찌나 잘 꼬집는지 친구들에게 상처를 많이 입혔고 꾸중도 많이 들었다. 그러나 그때는 그 아이가 왜 이러는지 몰랐고 너무도 잘 꼬집는 그 얄미운 버릇을 나무라기만 했다.

그런데 이제는 26세의 성숙한 여인이 되었고 얼마 후면 결혼을 한다니 옛 버릇이 화젯거리가 된 것이며 지금은 많이 고쳐졌다고 했다.

꼬집는 버릇도 나이 들면서 조금씩 달라지기는 하지만 자세히 원인을 알아보니 역시 태중의 영향이라 확신하게 되었다. 그것은 그의 엄마가 임신했을 때 아빠의 외도에 약이 올라 돌아온 남편을 되는 대로 꼬집었는데 그렇게도 꼭 닮을 줄은 몰랐었다 한다.

이제 와서 생각해 보니 임신 중의 언행은 참으로 조심해야 될 일이라며 후회하는 것이다.

또한 그의 아줌마인 마리는 반대로 매우 점잖다. 주위 사람들의 칭송이 있을 만큼 점잖아서, 간혹 활달하고 사교적이며 잘 조잘대다가도 자주 천성으로 돌아가는 것을 보면 자기 엄마의 성격을 닮은 것이 아니냐고들 한다. 중학교 때 반장을 맡았을 때는 꽤 활동적인 것 같았는데 반장을 그만두니 다시 얌전해졌다. 대학에 입학할 때는 과에서 수석을 해 주위의 이목을 끌고 좀 활동하는 듯했으나 그 후에는 다시 얌전한 성격으로 돌아왔다. 알고 보니 그의 엄마 성품이 그랬고 또 임신 중엔 태교를 한다며 더욱 조심했다는 것이다.

이는 성품을 위주로 했던 옛날 태교의 영향이라 보인다. 임신 중 언행에 각별히 조심했던 태교는 훌륭했지만 현대는 다양화·적극화로 자기에게 맞는 것을 창조해야 한다. 그래서 급변하는 시대에 적응할 수 있어야 한다.

어떤 사람은 성품은 유전이라 한다지만 같은 형제, 같은 남매가 다른 것은 유전의 이야기만으로는 해명될 수 없고, 환경의 영향과 떼어 놓을 수 없는 상관관계가 있음을 알아야 하며 특이한 버릇, 닮은 성격은 오히려 태중의 영향에 두는 것이 현대적·과학적 분석이다.

그래서 태교는 좋은 점을 닮게 하려는 것으로서 유전으로 할 수 없는 우수한 점을 닮게 하기 위하여 노력해 보려는 장이 되어야 한다. 무조건 조심하라는 차원을 넘어서 자신이 바라는 방향으로 태아를 유도하고자 하는 쪽을 승화·발전시키자는 의미다.

재영이는 워싱턴 D.C에서 학교에 다닐 때 도서관에서 그의 할아버지 책을 발견하고 일기장에 기록해 놨듯 영특하고 총명한 아이였다. 이런것도 태교의 영향이 아닐지 한다.

제5장

태교 해설

태교는 우생학이다. 그것은 유전에서 말하는 인자(因子)의 우성론적 입장이 아니라, 좋은 환경의 영향이 우수한 인간을 만드는 밑거름이 된다는 뜻에서의 우생학이다.

생기는 것을 잘 키운다는 생육적(生育的) 의미에서나 자연 그대로가 아닌 인위적 노력이 가미된 생명공학적 의미로나 우생학이라는 범주에 속하기는 마찬가지다.

새로운 유전 공학에서도 인자를 접합시키고 종자개량을 하는 연구가 활발하다. 그러나 실제로 내적, 외적 환경의 영향을 부정하지는 않는다. 인간이 형성되는 과정에서 환경의 영향은 인위적인 것으로 훌륭한 모성(母性)과 섭생, 언행, 사색 등이 인성, 감성의 여러 부분에서 태아에 영향을 끼치므로 좋은 생각, 좋은 행동, 좋은 음식으로 태아를 건강하고 영특하며 훌륭한 인간으로 만들려는 노력은 훌륭한 아기를 갖겠다는 태교가 우생학과 다를 바가 없다는 것을 입증한다.

동물은 전혀 다르다. 본능적으로 발정기가 되면 종족보존의 짝짓기를 하고 본성을 닮게 하는 태중 생활로부터 출생 후의 약육강식의 생활 등 적자생존의 순환이 지속되고 있다. 그러나 인간은 보다 나은 미래의 창조와 진취적 생태학의 발전을 설계하고 연구하는 조화의 동물이라는 점에서 다르다.

자연을 지배하고, 무한한 우주를 개척하고 개발하는 인간의 노력은 동물적·자연적 상태에서 차원 높은 경지에로 발전하고 있으며 이를 달성하기 위하여 온갖 힘을 경주한다. 그러면서도 근본적으로 모든 일의 원인을 규명하고, 잘못을 제어하고, 미리 예방까지 하고 있으니 발생학으로서의 태교는 태생학으로부터 한 단계 앞서가고 있는 게 사실이다.

또한 생득적(生得的) 영향만이 아니라 투사적(投射的) 제공자로서의 역학까지를 분석하는 연구가 전개된다. 그것은 물리학적 이유와 실험과도 일맥상통한다고 비유할 수 있다.

한편 우수한 인간을 배출하고자 노력하는 유전적 실험(미국의 고성능 정자은행의 일)과 세계 각국의 여성들이 우수한 인간을 배출하려고 노력한 경험철학적 관습의 역사와도 일치한다.

이것을 어떻게 보다 알차고 확실하게 전개할 수 있을까가 과제인데 오늘날의 우리는 한 발자국씩 그에 접근하고 있음을 부인할 수 없다.

그래서 훌륭한 아기를 낳기를 원하는 사람은 근본적으로 훌륭한 결합을 시도해야 하며, 그러기 위해서는 잘못되지 않은 좋은 영향을 주려고 노력해야 한다.

우생은 우수 인자와 우수한 환경의 영향이라 볼 때 우리가 할 수 있는 것은 후자의 경우에 해당하므로 가능한 노력을 경주해야 한다. 우수한 발생은 절제와 오염되지 않은 신체의 산물이며, 일반적 성생활과는 구분되는 인간의 노력이라는 관점에서 우생학과 태교의 등식은 성립된다.

일찍이 영국의 "아널드 토인비"는 말하길 과학은 물질문명 쪽에서 많은 발전을 가져왔지만 인간의 정신 문제에서는 1마일도 진전을 보지 못했다고 지적했고 유전이 절대라 믿고 평생 이 방면 연구에 몰두하던 "멘델"도 죽음을 앞둔 2, 3년 전엔 얼마든지 개발할 수 있다고 의견을 피력했다는 것이다. 또 선을 연구하는(연마) 동양의 불교, 도교의 선지자(실행자)들은 인간의 생로병사(生老病死)도 과학을 능가할 수 있는데 연구 부족으로 답보상태를 면치 못하고 있다 하며 태생문제는 엄마에게 달렸다고 한다. 그렇게 볼 때 우수한 인간 배출은 불가능한 것이 아니며 역시 애초부터 그런 노력을 기울이는 데서 엄마의 마음가짐으로 가능한 것이라 보며 이것은 태중에서 시작하는 것이라는 데 공감하게 된다.

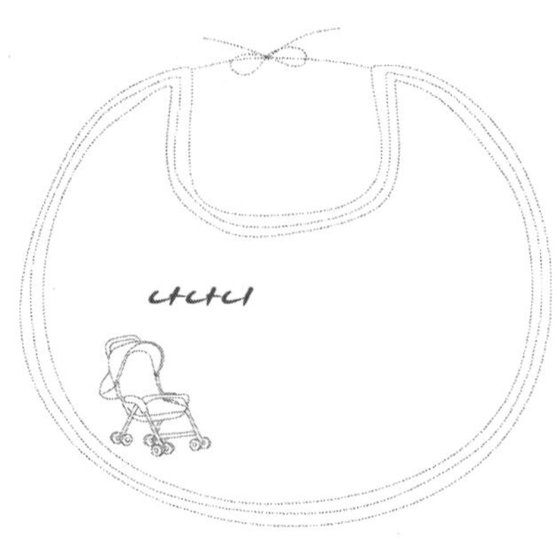

벌 중에 나나니벌이 있다. 나나니벌은 새끼에게 나날이 날 닮으라
고 한단다. 이것이 좋은 의미인지 나쁜 의미인지는 몰라도 나나니가
새끼에게 자신을 닮도록 한다는 말과 고슴도치가 제 새끼를 유난히
귀여워한다는 말과는 동의어 같으면서도 약간 다른 의미를 내포하여
쓰이고 있다.

이렇게 동물도 새끼를 잉태하면 자신을 닮도록 유도한다. 그러므
로 범의 새끼는 범의 성질을 닮고 말의 새끼는 말의 성질을 닮는지도
모르겠다.

여기서 닮는다는 말은 모양이나 색깔을 의미하는 것이 아니다. 성
품·기질 습성 등을 의미하며, 잘못된 점이 아니고 좋은 점을 닮으라
는 의미이다. 그것이 설혹 잘못된 점을 골라서 닮는다 하더라도 유전
의 의미와는 구별되어야 한다. 같은 시대의 사람은 비슷하고, 같은 나
라 사람도 비슷하며 같은 지방, 같은 풍토의 사람이 비슷한 것이 꼭
유전에 의한 것만이 아니라 비슷한 환경의 영향임을 알아야 한다.

나나니가 날 닮으라고 하지 않더라도 나나니벌은 나나니를 닮게
되어 있다는 말은 객관적으로 본 것이지 주관적 입장에서 본 것이 아

니다. 나나니벌이 새끼에게 자신을 닮으라고 하지 않았다면 혹시 다른 벌의 기질이 됐을는지도 모르겠다.

그것은 식물의 경우에서도 볼 수 있다. 식물도 관심을 가져 주면 실하게 잘 자라고 어떤 것은 잎에 기름이 자르르 흐를 정도로 건강한 모습을 드러내지만 그렇지 못한 것은 나무인지 풀인지 모를 정도로 시들하다.

이것이 태교의 비유다. 인간은 태어나 성숙해지고 적령기가 되면 배필을 구하고, 결혼하면 새 생명의 탄생을 맞이하게 되어 있다. 그리고 어느 누구도 예쁘고 튼튼하고 총명한 자기 분신을 바라지 않는 사람은 없다.

그러나 태교는 출생 후 훌륭하게 만들려는 노력의 시간과 공간에 비추어 볼 때 좀 더 근본적으로 태어나기 이전부터 훌륭한 자질을 만들어 줄 수는 없을까에 대한 지혜라 할 수 있다.

나나니는 한문으로 나나니 과(蜾) 자와 나나니 나(蠃) 자를 합쳐 쓴다. 그런데 한편에서는 나나니벌은 생식능력이 없어 남의 새끼인 파란 뽕나무 벌레를 물어다 놓고 날마다 자기를 닮으라고 하여 닮게 한다는 일설도 있다. 곤충학자에게 더 알아보아야 하겠지만 여기선 그런 전설적 이야기를 태교와 비유하는 데 그친다. 하찮은 벌도 이러한데 하물며 만물의 영장인 인간이 그만도 못해서야 되겠느냐는 데 비유의 의미가 있다.

여기서 나 자신의 태교 방법은 어떤 것인지 설계를 꾸며 보자.

　현대 생활에서 태교는 실제로 가임기의 여성·신혼 남성들의 것이어야 한다.

　일명 '잉태의 태교' 또는 '남성의 태교'라고도 말할 수 있는 가임 태교는 밭에 씨를 뿌리는 행위를 바탕으로 신혼부부나 결혼을 앞둔 예비 신랑·신부의 수업이라 할 수 있다.

　미리 준비하는 차원, 아직도 준비되지 않은 자세를 가다듬는 시기의 신혼부부에게 초점을 둔 훌륭한 아기를 가지려는 분을 위한 길잡이인 것이다.

　이것은 전통 태교에서 '열 달 배 안의 교육보다 하루 아비의 몸가짐이 더 중요하다'는 잉태 시의 중요성과 현대 의학의 예방적 측면에서도 잘 나타난다.

　하나의 생명이 형성되는 순간은 정자와 난자의 만남으로부터 시작되지만 인자 속의 유전적 형질이나 외적 환경의 병원체 전달 또는 나쁜 조건하에서의 결합 등이 보유한 잘못될 수 있는 소지는 처음부터 제거되어야 한다는 것이다.

　좋은 조건, 바람직한 환경에서 이루어진 결합이 잉태 시의 절대조건이라 볼 때 임신이란 생명의 창조뿐만 아니라 아름다움의 조화라는 명제를 안고 있다.

오랫동안 잠잠했던 태교가 활기를 띠고 있는 이유도 과학이 환경설을 입증한 데서 비롯된다. 불우한 생명, 불우 청소년의 문제도 태내의 영향 혹은 그 이전의 일들과 관계됨을 보았을 때 인간은 발생부터가 중요함을 알게 된다.

임신 중의 금기뿐만 아니라 임신 전의 금기도 있다.

가임여성은 훌륭한 어머니상을 정립하고 가임기의 중요성에 눈을 떠야 한다. 물질만능 시대에서 생명의 존엄이 요구되는 시대로의 전환은 행복을 추구하는 지름길로의 내디딤임을 명심하고 지혜 창출의 벗이 되길 바란다.

좋은 조건, 바람직한 환경에서 이루어진 결합이 잉태 시의 절대조건이라 볼 때 임신이란 생명의 창조뿐만 아니라 아름다움의 조화라는 명제를 안고 있다.

착각은 자유다. 그러나 위대한 착각은 위대한 실수를 범할 수도 있으니 이른바 행복의 조건이 될 수도 있겠다. 행복의 조건은 영원한 것이기를 바라나 잘못되어 일시적인 것으로 전락된다면 아주 팽개쳐 버리는 것만 못하리라.

시대가 그래서인지는 몰라도 요즘 여성들은 간단한 것을 너무 좋아한다. 1회용 손수건이며, 종이컵, 볼펜, 의복, 심지어는 전자시계 등 생활용품이 거의 잠시 사용하다 싫증나면 버릴 수 있게 되어서 오래 간직할 필요가 없다. TV, 냉장고, 자동차도 월부로 들여 놓고 고장 나면 수리하지 않고 교체하는 생활패턴이 되고 보니 그럴 만도 하다.

또 골동품이나 귀금속, 그림도 모조품으로 깊은 감상력이 필요치 않으며, 비싼 물건을 가질 필요가 없으니 편한 대로 사서 쓰다가 버리면 되니까 그럴 수도 있겠다.

그러나 변하지 않는 것, 영원해야 할 일들이 있는데 이것을 착각하여 마치 1회용 물건, 교체용 생활용품을 사용하듯 하는 것은 위대한 착각이라 할 수 있다. 이것은 바로 인간이며, 부모며, 남편이며, 부인이며, 자식에 관한 것이다.

어찌 부모를 쉽게 생각할 수 있으며, 부부 사이가 그럴 수 있겠는 가. 하물며 자식은 영원히 삶을 같이할 새 생명이므로 착각을 일으켜 서 함부로 행동해서는 안 된다.

어떤 여성이 착각하여 "남성도 임신할 수 있다는데……", "아기도 석 달이나 다섯 달 만에 낳을 수가 있다면 얼마나 좋겠느냐"고 했다. 그랬더니 옆에 앉은 여성이 "아니다, 얘. 그럴 것 없이 손으로 빚어 만들 수는 없을까?" 했다. 이쪽에 있던 여성은 "얘, 인큐베이터도 있 으니 아주 첫 달부터 넣어 키우는 인큐베이터를 개발하면 어떠니" 하 며 깔깔거리고 웃어댔다.

그러나 과학이 그렇게 발달하면 얼마나 좋겠는가마는 아무리 우스 운 이야기지만 이것은 편하기만을 바라는 위대한 착각일 수밖에 없다.

달나라를 가고, 화성·금성을 가고, 비행접시가 나타나 눈이 하나 밖에 없는 화성인을 TV 만화로 보는 시대라 해도 우리 지구 인간의 눈이 하나라면 그것은 기형이요, 병신이지 온전한 사람은 아니다. 또 과학적으로 다섯 달 된 아기를 키운다는 이야기는 듣지를 못했다. 7 개월 된 조산아도 인큐베이터에서 키우려면 어렵다는데, 착각은 안 하는 것이 좋겠다.

요즈음 여성들은 간단하고 쉬운 것, 빠른 것을 어찌나 좋아하는지 임신을 확인하면 곧장 영재아 만드는 방법을 알려고 한다. 또 건강운 동법이 나왔다, 쉬운 출산법이 나왔다, 음악을 들으면 아기가 조용해 진다고 소개가 되면 열심히 그쪽에 귀를 기울인다. 하기야 좋고 간단 한 방법이 나왔다니 귀가 솔깃하지 않을 수 없지만 그것은 약한 인간 이기 때문이다. 그리고 그런 것에 솔깃해서 행동한 여성들이 얼마나 성공했는지 알고 싶다.

물론 부분적으로 잘하는 일이 도움이 안 될 리 없겠지만 너무 간단한 것을 좋아하는 경향이 있어서 태아를 그런 인간으로 만들지 않았을까 걱정이 된다. 또 무분별한 성문란에서 생긴 아기를 뗄까 말까 하다가 키웠다면 그 말은 죽일까, 살릴까 하다가 키웠다는 의미인데 과연 그 아기가 자라서 어떤 마음의 소유자가 될까 하는 것쯤은 생각해 보는 여성이 되었으면 한다.

여성은 위대하다고 한다.

무엇 때문에 위대하다는 칭호가 붙었을까?

훌륭히 생명을 잉태하고, 열 달 동안 행동을 삼가 태중에서 좋은 영향을 주어 키우고 출산하여, 훌륭한 인간으로 만들지 못한 엄마를 누가 위대한 여성이라고 할 것인가.

아무리 남녀평등 시대라 해도 여성은 여성으로서 남성은 남성으로서 부여받은 권리와 책무가 있다. 그런데 그것을 깨닫지 못하고 마음에 맞지 않으면 헤어지고, 배 속의 아기까지 함부로 해서 태어나게 할 수는 없는 것이다. 그건 조그만 실수라도 그것이 태아에게 영향을 주었을 때는 잘못되는 경우가 있기 때문이다.

'인생은 짧고 예술은 길다'란 말이 있지만 아무리 짧은 인생이라도 그것이 인간으로 태어나서 살아야 할 자신의 전생(全生)이다. 50평생을 살건 60, 70평생을 살건 사는 동안 자신이 낳은 자녀의 인생도 보며 느끼며 살게 되는 것이다.

어느 50대 중반의 신사 한 분이 정년퇴임에 임박해서 지나온 반평생을 돌이켜 보며 남는 것이라곤 자식을 어떻게 키웠나 하는 것뿐이더라고 회고하며 자식이 잘되면 여생이 즐겁고 편안할 것이고 자식이 잘못되니 늙어서도 그 걱정을 떨구질 못하더라고 했다. 고등학교를 마치면 의무를 다한 것같이 느꼈지만 세상이 변하여 대학을 마쳐도 미흡하고, 결혼을 시키면 끝날 줄 알았더니 그게 아니더라 한다. 아마 영원히 죽을 때까지 잊을 수 없는 것이 자식이라며 자식에 대한 책임의 시작이 임신부터라면 그 태교라는 것의 중요성이 이제 실감이 난다고 했다.

그렇다. 처음부터 재질이 훌륭한 아이를 만든다면 줄곧 편안하고 기쁘고 행복할 것이고 그렇지 못하면 평생을 걱정스럽게 보낼 테니 태교는 널리 보급되어야겠다는 생각이다.

우리는 많은 착각을 하면서 살아가지만 자신의 분신이며 사회의 구성원이 될 자식을 출산하는 부분에서는 한 치의 착각도 없이 정성을 다해야 할 것이다.

현대 여성들은 먹는 것에 너무 많은 신경을 쓰는 것 같다. 여기저기서 입맛을 돋우는 새로운 기호식품들의 광고가 야단이며, 백화점 식품부에는 음식들이 간편하게 진열되어 있고 슈퍼마켓이나 시장에도 풍성한 음식이 사람들의 미각을 자극하니 돌부처가 아닌 이상 어찌 그냥 지나칠 수 있겠는가?

하지만 임신부의 경우는 일반 보통사람과 다르다.

옛날부터 임신부의 섭생에는 많은 주의를 시켜 왔다. 음식을 함부로 먹기를 좋아했다가는 자신도 모르게 태아에게 어떤 나쁜 영향을 줄 수 있기 때문이다. 착각하는 사람 중에는 임신했을 때는 건강을 위하여 잘 먹어야 한다고 알고 있으나 막상 '보리밥 먹고 미숙아 낳았다'는 사례는 발견되지 않고 있다.

잘 먹어서 나쁠 게 없다고 생각할지 모르나 현대 식품에 첨가된 물질이 체내에 잠복해 있다가 태아에게 어떤 영향을 줄 수 있다는 의학계의 보고를 보면 해로운 것과 이로운 것을 구별할 능력 없이 함부로 먹는 것은 문제가 있다.

농산물이 재배·가공 과정에서 화학물질이나 유독성 미생물에 의해 오염되고, 이를 섭취했을 때 여러 가지 질병에 걸려 불구가 되기도 한다. 농장에 살포된 농약 가운데 유기염소제와 같이 오래 분해가 되지 않는 것은 빗물과 함께 흘러서 어패류에 흡수되었다가 인간에게 해를 끼치며, 또 식품가공에 쓰이는 조미료, 착색제, 접착제, 산화방지제, 방부제 등 많은 화공약품은 급·만성, 발암성, 불임성, 정신 분열의 원인이라는 것이다.

그뿐 아니라 동물사료의 취급 부주의로 발생되는 식물성 아플라톡신 등의 피해를 간접적으로 입을 수도 있다. 이런 것들은 건강한 인간에게는 물론이고 태중의 아기에게도 큰 해를 끼치므로 함부로 먹어서는 안 되는 것이다.

현대 식품에 첨가된 물질이 체내에 잠복해 있다가

태아에게 일정한 영향을 줄 수 있다는 의학계의 보고를 보면

해로운 것과 이로운 것을 구별할 능력 없이

함부로 먹는 것은 문제가 있다.

먹는 데에는 잘못이 없으나 그것이 끼치는 영향에 문제가 있으므로 임부에게는 섭취를 삼가라는 현대판 금기 식품이 생기는 것이다. 아무리 편리하고 맛있어 보이는 음식이라도 가려 먹고 참는 것이 지혜일 수 있다.

또 너무 많이 섭취해서 아기가 커져 산도로 순산하지 못하는 사람들이 증가하는 것은 바람직하지 못하다. 그래서 임부에게 '보리밥 먹

고 미숙아 낳은 일 없다'란 말을 의미 있게 전하며 음식물 섭취로 인한 어려움이 없이 지내도록 하고자 한다.

사실상 보리에는 임부에게 좋다는 철분이 쌀보다 많고 공해나 금속의 나쁜 물질을 배설시키며 여성의 대하증과 입덧에 좋은 영양이 있다고 한다. 아무쪼록 임부들은 싱싱하고 깨끗한 재료로 자기가 요리한 음식을 먹는 편이 훨씬 안전하므로 '보리밥 먹고 미숙아 낳은 일 없다'는 말을 새겨 두길 바란다.

    태교를 안 해도 임신이 되면 생명은 자라난다. 어떻게 자랄는지는 몰라도 자신이 행동한 대로 닮으며 생각한 대로 느낀 대로 영향받는 것이다.

    행동을 잘했으면 훌륭하게 자랄 것이요, 잘못했으면 문제아로 자랄 것은 명약관화한 일이다. 그래서 특출한 경우를 연상하고 개조란 말을 써 봤는데 개조란 말이 고치는 것, 뜯어서 새로 만드는 것이라면, 태교는 인간을 고쳐 보기도 하고 새로운 방향으로 유도하는 일익을 담당할 것이다. 그러므로 기왕에 출생시킬 생명이라면 자신의 행복을 위해 영특하고 건강하게 자라도록 태교를 권하는 것이다.

    태교를 잘하면 과연 자신과 다른 아이가 될 수 있는가, 나아가서는 인간 개조까지도 될 수 있을까는 논의의 대상이다. 이 물음에 대해 상당수가 관심을 보이고 있는데 태교를 열심히 하면 그것이 불가능하지는 않을 것이라는 쪽으로 의견이 모아지고 있다.

    그것은 생김새도 자신을 안 닮고 두뇌나 성격도 자신보다는 월등히 우수하다고 할 만큼 개조된 인간을 만들 수가 있다. 그래서 태교를 하나의 교훈으로뿐만 아니라 차원 높은 경지까지 승화·발전시켜 보려는 것이 현대의 연구과제다.

그것은 돌연변이도 아니요, '육백만 불의 사나이' 같은 뜯어 맞추는 것도 아니다. 오직 자신이 목표설정을 잘하고 꾸준히 그곳을 향하여 나아가는 것이다.

어떤 면에서는 고행의 길일는지는 모르며 또 어떤 면에서는 환희와 기쁨의 연속일는지도 모른다. 그것은 태아가 훌륭하게 되게 하기 위하여 자신부터 모범을 보여야 하기 때문이다.

용모가 훌륭한 사람, 사모하는 사람이 있으면 그분의 사진을 걸어 놓고 그분을 닮도록 정성을 쏟을 것이요, 성격이 좋은 사람이 있으면 자신이 그 사람의 성격과 같이 행동해 보라. 아기는 틀림없이 좋은 성격을 닮게 될 것이다. 자신은 공부를 잘 못해 공부 잘하는 것이 소원이라면 임신 후에 공부 잘하는 방법을 배우라. 그리고 꾸준히 노력해 보라. 그 아기는 매우 영특할 것이다. 그런데 자신은 노력하지 않고 감나무에서 감이 떨어지기만을 기다린다면 좋은 아기를 얻는 데 성공할 수 없을 것이다.

우리나라 외교관 중 필리핀에서 근무할 때 부인이 자주 유산을 하여 고통스러웠던 한 부부가 있다. 10여 차례의 유산도 문제였지만, 부인의 건강과 다음에 임신될 아기 문제가 큰 걱정거리였다. 그래서 그 부인은 어느 절의 스님을 찾아가 사실을 말하고 조언을 얻은 후 남편의 승낙을 받아 절에 들어가 열심히 불공을 드리며 심신을 수도했다. 그리고 정신적 안정으로 좋은 생각에만 잠겼다.

간혹 스님과 마주치면 "어떤 아기를 낳으시렵니까?" 하는 물음에 "건강하고 영특한 아기를 낳고자 합니다" 하고 대답했다. 또 "얼마나 건강한 아기를 원하십니까?" "영특하기는 누구를 닮은 아긴가요?" 하고 물으면 "이(李)○○와 같은 건강한 아기, 부처님과 같은 혜안으로 중생을 이끄는 영특한 아기를 낳고 싶습니다" 하고 자신이 마음속에 그리는 사람들을 이야기했다. 그리고 이러한 소망이 이루어지기를 바라며 열심히 공을 들였다.

열 달 후 무사히 출산을 하고 아기를 키우는데 참으로 놀라운 사실은 그의 기골이 훤칠하고 눈에 총기가 있고 자라면서 건강과 영특함이 뛰어날 정도의 아기였다는 것이다.

아기는 파티나 행사 때마다 자랑거리였다. 그리고 이런 아기를 갖게 도와준 남편과 스님, 주위의 여러분에게 늘 감사하고 기뻐하며 생활을 한다. 아빠도 훌륭한 분이지만 아빠는 미치지 못할 정도로 잘나고 영민하며 자신도 남에게 지지 않을 정도라지만 자기 아기에게는 비교가 안 된다 한다. 그래서 다른 사람들이 열심히 불공을 드린 결과가 아니냐고들 하지만 꼭 그런 것만은 아닌 것 같다는 이야기다.

그 속에는 정해진 목표에 대한 기구와 흔들림 없는 염원, 또 그렇게 되게 하기 위한 매일의 노력이 있었고 이것이 영특하고 건강한 아기를 낳게 해 준 근원이 아닌가 한다고 술회하는 것을 보았다.

태교는 이렇듯 의외의 경지에까지 영향을 끼친다. 인간 개조뿐만 아니라 성격 개조, 용모 개조에까지 영향이 끼쳐지며 이것을 어떻게 시행해야 하느냐 하는 것만이 남은 과제다. 한 가지 덧붙인다면 한꺼번에 다 하려고 욕심 부리지 말고 한 가지만이라도 열심히 하려고 결심하는 데서부터 시작하라. 만약 그렇게 된다면 반은 성공했다 해도 무방하다.

우수하고 바람직한 한 인간의 탄생을 위하여 우리는 스스로 깨닫고 애써야 한다. 너무 어렵지 않게 그리고 흐트러지지 않게 하는 것

등은 큰 보탬이 되는 자세라 믿는다.

　다시 생각해 보면 그것은 꼭 불공 드리는 문제에만 국한되지 않으며 교회나 성당에서도 가능한 일이고, 유교나 천도교 쪽에서도 그런 이야기는 있다. 다만 여기선 어떤 특정한 분을 대상으로 했기 때문에 그런 비유가 됐을 뿐이다.

　문제는 방법론이 아닌 핵심을 잘 이해해야 한다. 태교가 인간 개조까지 할 수 있다는 데 대한 설명은 참으로 어렵고 새로운 차원의 논의가 되어 매우 조심스럽다. 그러나 고전이나 많은 경험서적을 읽으면 충분히 이해될 수 있을 것으로 믿으며 앞으로 얄팍한 방법론에만 귀 기울이지 말고 목표설정에 더 큰 주안점을 두는 태교에 관심을 쏟았으면 하는 마음이다.

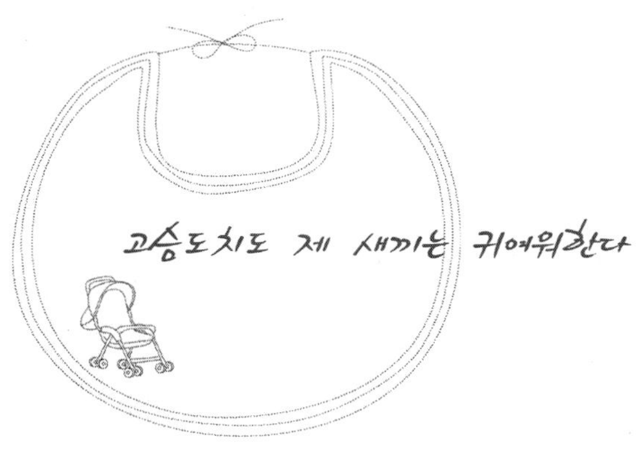

대학에 들어가 철학 강의 첫 시간에 '사랑' 이야기를 듣지 못하면 철학 강의에 매력을 잃는다고 한다. 그중에서도 남녀의 사랑 이야기는 슬슬 얼음을 녹이듯 뜨거워지며 학생들을 흥분시켜 강의실은 숨소리조차 못 들을 정도로 조용해진다.

이렇듯 아름다운 사랑의 이야기 속에서도 가장 값있는 것은 모자의 사랑이니 아무리 남녀의 사랑이 지고지상의 것이라 해도 실로 어머니가 자식을 위하는 사랑보다 더하다고는 할 수 없다.

병든 자신을 업고 삼천리 방방곡곡을 다니며 결국은 병을 고쳐 낸 책임의 사랑, 불 속에 뛰어들어 자식을 구출하고 죽은 어머니의 구명의 사랑, 기차 건널목에서 아기는 구하고 미처 빠져나오지 못한 희생의 사랑이 있다. 자식을 위해서라면 자신을 모두 바치고 희생하는 사랑은 모든 어머니가 다 가지고 있는 평범한 사랑의 이야기라 해도 과언은 아니다.

그런데 이것을 채 못 느낀 자식은 부모에게 불효하기도 하고, 또 일을 어려운 지경으로 몰고 가는 일이 있기도 하다. 요즘은 자식의 모든 뜻을 받아 주고 집 안에서만 기르는 과보호 상태의 육아 풍조가 일고 있는데 이는 올바른 육아 방법이 아닐 것이다.

동물 중에 고슴도치라고 아주 못생긴 놈이 있다. 두더지와 같은 쥐만 한 놈이 통통하며 온몸엔 가시가 돋고 달아날 때도 뒤뚱거려서 하는 짓이 신통한 데가 없다. 그러나 그 놈도 제 새끼라면 얼마나 위하는지 누가 얼씬거리기만 해도 경계하며 새끼를 감싼다.

서로 부딪치면 따가울 정도인 날카로운 송곳 털을 가지고 있지만 제 새끼 털이 자기를 찌르는 것 정도는 아프지도 않다는 듯 새끼를 품고 귀여워한다.

그래서 보는 사람의 눈을 의심케 할 정도다. 얼마나 자식이 예쁘면 저럴까 해서 사람들이 '고슴도치도 제 자식 털이 부드럽다'라고 비유하는 말을 쓰기도 한다.

그런데 인간 중엔 고슴도치만도 못한 것이 있으니 육아 방법에 일침을 가하기도 한다. 이제부터는 덮어놓고 모방만 하지 말고 제 나라 풍습도 알며, 좋은 점은 장려하고 발전시켜 모방한 후에 잘못됐다는 이야기를 안 듣도록 하는 게 현명한 방법이 아닐까 한다.

인간과 동물의 세계는 어떻게 다른가? 동물 중에서도 곤충의 세계는 또 어떤 특징이 있는가에 대하여 알아보면 그 세계에 재미있는 일면이 있음을 일 수 있다.

만물의 영장이라는 인간은 진화하면서 창조하고, 두뇌활동과 사회생활 속에 규범·관습을 만들고, 도덕·윤리·법을 만들었다. 글을 만들어 의사소통을 하고 인간이 살다 간 족적을 역사에 남기며, 교육을 통하여 많은 것을 배우고 가르쳤다. 과학을 통하여 새로운 것을 연구·실험하며 보다 나은 내일을 위한 개발과 개척을 꾸준히 해 나가고 있다.

그러나 동물 세계는 그렇지 못한 것 같고 곤충의 세계는 더욱 그러한 듯하다. 그래서 인간의 원시적 세계를 추측하며 진화 이전의 인간도 과연 그랬을까, 자연 상태의 동물 세계는 무엇이 인간과 다른가에 대해 고찰해 봄으로써 우리의 행동에 어떤 도움을 받을 수 있을까 해서 비교해 본다.

우선 곤충의 세계를 살펴보면,

· 물사마귀란 곤충은 암수의 짝짓기가 끝나면 암사마귀가 수사마

귀를 씹어 먹는다. 배가 고파서 그러는지 새끼의 영양을 위해서 그래야 하는지는 몰라도 섬뜩하면서도 무서운 생각이 든다.

- 수중다리좀벌레는 자신의 수정란을 매미나방의 애벌레 몸속에 주입시켜 그 속에서 잉태기를 보내며 일정한 기간 후 그 애벌레의 몸을 찢고 나온다고 한다. 이것도 매우 이상한 생태계의 포태 일면이다.

- 무당거미는 수놈이 암놈에게 짝짓기를 청하다가 잡아먹히기도 한다. 그래서 때와 장소를 잘 맞춰 돌진해야지 잘못하면 죽는다. 수놈이 암놈보다 체구가 작기는 하지만 이럴 수가 있을까 하는 생각이다.

또 천적의 세계에서 식충식물의 생태계는 어떤가 알아보니 곤충을 잡아먹는 식충식물들은 잎이나 꽃술에 끈끈이를 발산시킨다. 그리고 '카이로먼'이나 '태러먼'이라는 향내도 내뿜는다. 이것이 미끼인데 이 향기에 취해서 끌려오다 끈끈이에 어느 한 부분이라도 붙었다 하면 빠져나오지 못하고 똘똘 말려서 피를 빨리거나 진을 빨려 죽게 된다.

포충낭의 잎사귀는 질소를 공기 중에서 얻지 못하고 곤충에게서 얻는다. 따라서 잎사귀에 곤충이 앉으면 잎사귀를 똘똘 말아서 곤충을 질식시켜 죽인다. 그리고 이 곤충은 포충낭의 영양공급원이 되고 마는데 참으로 신기하다.

이렇게 보니 곤충의 세계엔 질서도 공생의 윤리도 없고 서열도 없는 듯하지만 실은 그렇지만도 않다.

- 털이 많이 난 거미의 육아 방법으로는 등에 난 털 속에 새끼들의

놀이터를 만들어 주고 있으며 이것은 마치 캥거루가 새끼를 배 주머니에 넣고 다니는 모습과도 흡사하다.

· 개미는 진딧물의 감로를 맛있게 받아먹는데 이 진딧물이 외부의 적으로부터 공격을 받게 되면 감로를 공급해 주는 은혜에 보답 하고자 적과 싸워 격퇴시키기도 하고 공생의 윤리도 발휘한다.

이렇듯 곤충의 세계, 식물의 세계에도 생의 법칙, 번식의 방식은 다양하다. 모두 어떤 원리인지는 몰라도 인간의 관찰 속에 비친 자연의 생태계는 하나의 질서 속의 무질서 혹은 약육강식의 생존 원리가 아닌가 생각된다. 또한 이 가운데에서도 어떤 것은 번창하고 또 어떤 것은 멸종되어 가는데 그것은 적응의 원리요, 순리의 이치가 아닌가 한다.

인간은 개발이라는 명목으로 하루아침에 이 생태계를 파괴하고 변화시킨다. 숲에서 나무를 자르고 물을 막아 댐을 만든다. 이 엄청난 변화는 자연의 생태계를 바꾸어 놓을 만한 큰 이변이다.

그러나 인류는 그렇게 하며 발전해 왔다. 앞으로 어디까지 갈지는 몰라도 인간이 행복을 추구하는 과정의 장애요소가 되어서는 안 되겠다는 생각이다.

우리는 새로운 물결 속의 생활을 시작했다. 그러나 사물에 대한 올바른 인식이 없는 미래는 없고 아무리 현재가 중요하다 해도 내일은 반드시 있어야 한다. 그래서 이런 것들이 인간 세계와는 어떻게 다른지 얼마만큼이나 뒤떨어졌는지에 대하여 살펴보았다. 그리고 만물의 영장인 인간이 인간답지 못할 때 우리는 "이 미물만도 못한 인간아" 하며 꾸짖는데 모쪼록 인간답게 살기 위해 자성하며 노력해야겠다.

일반적으로 예식을 올린 부부는 신혼여행의 피로함도 잊고 첫날밤을 장식하는 데 주저하지 않는다. 그것이 오래된 풍습이요, 모두들 그렇게 따르는 것을 격식으로 알고 이에 따라 행동하고 있다.

허나 점잖은 집 어느 분의 말씀을 듣고 보니 일말의 타당성도 있어 앞으로 결혼식을 올릴 예비 신랑, 신부를 위해 조언으로 다음의 글을 소개하려 한다.

이분은 결혼식을 올린 첫날밤을 신랑이 참아 준 덕분에 긴장으로 범벅이 된 그날을 무사히 넘길 수 있었다고 한다.

좀 색다른 이야기가 될는지는 몰라도 사실 그날은 피로가 중첩된 하루, 기쁨과 긴장이 연속된 날이다. 그런데 보통사람들은 형식이려니 하고 첫날밤에 커다란 의미를 부여한다. 그리고 현대는 예정된 코스의 신혼여행이 짜여 있어 스케줄 변경에도 문제가 있기는 하다.

그러나 첫날밤의 성행위는 오히려 안정을 찾는 사흘째 되는 날쯤으로 미루는 것이 어느 면에서나 좋을 것이란 생각이 든다.

이것은 훌륭한 임신을 위한다는 태교의 입장과도 일맥상통하며 설혹 계획출산이어서 임신은 천천히 하겠다는 부부에게도 성생활의 만족도를 고려해 볼 때 옳다는 생각이 든다.

아무리 성 개방이 만연해진 시대라 해도 피곤해서 지쳐 있으면 백년대계의 달콤한 꿈도 꾸지 못하며, 사랑의 속삭임도 나눌 기회를 잊고 만다. 그리고 부부교합이 선결문제가 아니라 충분한 대화의 장을 마련하는 것이 보다 중요한 것이다.

지난 이야기와 앞으로의 계획 등은 데이트하는 동안 많이 나누었다 해도 더 나누고 싶은 것이 신부의 마음이다. 그 마음을 이해하고, 그러한 시간을 제공하려는 신랑의 도량은 멋있는 영화의 한 장면과 같이 신부를 황홀하게 할 것이다. 둘 사이의 시간은 얼마든지 있다. 그러나 첫날밤에 던져 준 사랑의 메아리는 잊히지 않는 신부의 추억이라니 그 고귀한 장을 왜 만들지 않을 것인가?

우리는 가끔 낭만을 잊는다. 어떤 것이 값진 것인지 이제부터라도 소중히 간직해야 하겠다. 우리에게는 그런 낭만과 지혜를 갖는 전통이 있다. 그러면서도 무엇이 그리 급한지 그 피곤한 첫날밤을 그냥 흘려보낸다. 부부가 나눌 이야기는 여행 도중에 할 이야기도, 파티 석상의 이야기도 아닌 첫날밤의 고귀한 말이다.

지금은 구인이지만 그분은 이런 풍습이 어느 나라 것인지는 몰라도 훌륭한 가문에서는 그렇게 한 것으로 안다며 이제라도 우리 것으로 정착시켰으면 좋겠다고 했다.

　잡탕의 외래문화가 판을 치고 있는 시대, 아름다움을 잃어 가는 시대에서 이런 것을 우리 문화로 발전시켜 봄이 어떨까?

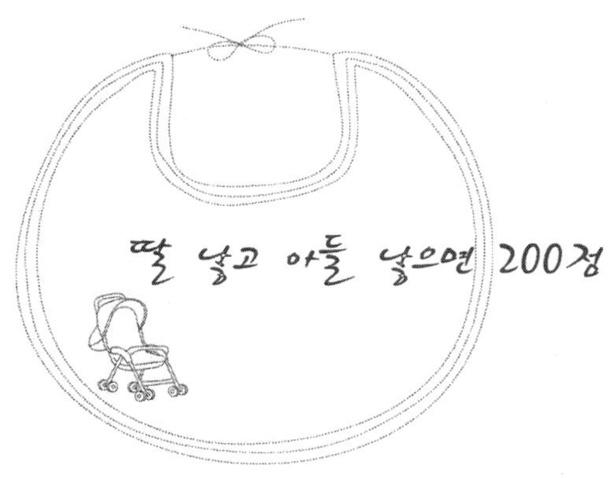

지난 봄, 강남의 어느 초등학교 어머니회에서 강의를 한 일이 있다.

비바람 치는 을씨년스러운 날씨여서인지 듣는 분들이 꽁꽁 얼고 뻣뻣해진 모습이었다

아무리 좋은 강의일지라도 환경조건이 나쁘니 오래할 수가 없어서 한 시간 정도로 끝내고 총무 되는 분과 그 외 어머니 몇 분과 앉아 이런저런 이야기를 하던 중에 요즈음 자녀들 교육이 매우 어렵다는 엄마로서의 고충을 들었다. 그리고 이상한 이야기가 나와서 오히려 한 가지를 배우고 그 자리를 뜨게 됐다.

요즈음 엄마들 사이에는 '200점', '100점' 하는 은어가 있다고 한다. 그것은 무엇이냐고 다시 물어보니 "그걸 모르셔요?" 하며 설명하는데 그 뜻은 웃지도 못할 이야기였다.

얼마 전 성교육을 학교에서 시켜야 된다며 급하게 책자를 만든 것은 어떤 문제 발생으로 인한 것이었다고 한다. 그러나 별 성과를 거두지 못하고 말았다. 그래서 자녀를 두되 딸을 먼저 낳고 아들을 낳으면 200점 엄마요, 첫아들을 낳고 딸을 낳으면 100점 엄마가 된다는 이야기가 나왔다 한다.

성이 하도 문란하니 혹 어떤 실수가 남매간에도 있을 수 있으므로 이를 방지하기 위해서는 딸이 먼저라야 한다는 결론이다. 아무리 성이 문란하기로서니 친족상간이 무슨 말이며 더욱이 남매간에 어이없는 일이 아닐 수 없었다. 이러다간 인간이 인간으로서 존재하지 못하고 동물들의 행태를 띠지 않을까 하는 의구심마저 생겼다. 아니 동물이라도 그럴까?

이거 큰일이 아닌가? 서구 선진국의 성 개방을 받아들여서 우리나라의 폐쇄된 옛 풍습을 현대화한다 하여 떠들썩했었는데, 먹은 음식을 소화도 못 시키고 체한 현상이라고나 할 수 있을까. 친남매 간의 그런 일은 상상할 수도 없는 동물적 현상이며 그래서 엄마들도 정신이 번쩍 난다며 뒤늦게나마 경종을 울리고 있다.

아무리 성 개방이 팽배해졌다지만 이건 몰락이요, 퇴폐의 길을 걷는 것이지 발전이라 할 수 있겠는가. 오히려 옛날로 되돌아가야지 이대로는 있을 수는 없는 지경임을 알았다.

우리 옛 풍습의 '남녀칠세부동석(男女七歲不同席)'이란 말을 꽉 막힌 윤리관이라며 옳지 못하다고 비판하는 사람들이 있으나 사실은 이 말속에 숨겨져 있는 아름다움이 더 많다는 것을 되새겨야 하지 않을까 생각된다.

여성은 자신을 아끼고 간직하며 남성은 그 신비의 처녀봉을 정복하기 위하여 있는 힘을 다하여 정성을 쌓아 가는 풍습. 이렇게 함으로써 훌륭한 2세를 두는 태교. 그런 것을 월경이라는 여성의 본능적 생리 변화로부터 잘 보호하기 위하여 해 왔던 성교육은, 요사이와 같은 생리교육이 아니라 훌륭한 발생학적 측면의 교육이 아니었던가 생각된다.

이제 AIDS가 인류를 공포로 몰고 있다. 성을 향락과 윤락의 흙탕 속에서 구출하지 않으면 인간은 병의 재난을 입어 멸종의 위기에 봉착할 것이란 신문보도는 옷깃을 여미고 겸허한 자세로 받아들이지 않으면 안 될 것이다. 아무쪼록 우리가 정신을 차리고 인간이 동물과 다른 일면을 보여 줄 때가 된 것이라 볼 때 하늘은 아직 우리를 버리지 않았구나 하는 안도의 숨을 내쉴 수 있겠다.

광고란 생산업자가 자기 상품을 많이 팔기 위하여 소비자에게 알리는 수단 또는 상품을 찾는 사람에게 알리기 위한 방법이라고 할 수 있는데 매스컴이 발달하고 사회가 다양화되어서 광고의 필요성이 절실해진 것이 사실이다.

그러다 보니 광고는 때로 많은 유행을 유발하기도 하며 어느 면에서는 유행을 일으키는 광고는 성공을 했다 해도 과언이 아니다. 그러나 이 광고나 유행에 잘못 휩싸이면 일생을 불행의 늪에 빠뜨리는 경우가 있는데, 특히 인간 발생과 출생 쪽에서 본 기형아, 저능아, 비만아에 속한 부분이다.

기형아, 저능아가 유행과 무슨 관계가 있나 하고 반문하겠지만 많은 부분이 인간 발생을 잘못 처신하기 때문에 발생한다.

좋은 말로 소홀, 실수라고 하나 실제로는 광고나 유행에 속는 경우가 많다. 좋다고 하니 그렇게 믿고 행동할 수밖에 없고 그러니 잘못된 비극의 책임을 물을 곳도 없다.

그래서 나는 다음의 예를 들어 보려 한다.

어느 광고에서 임신부는 두 몫을 먹어야 한다고 했다. 어느 방송의 건강시간에서는 태교에 관한 질문에 의학박사가 태교란 그저 임신부가 잘 먹고 건강하게 아기를 키우는 것이라고 대답했다. 잘못된 광고나 대답은 아니지만 이것을 잘못 듣고 태교를 소홀히 한 어떤 여성은 아기를 비만아로 출산시킨 일이 있다. 아기는 3.5kg 이상이 되어야 한다고 해서 투실투실하고 잘생긴 몸무게 최고의 아기를 낳았다. 정상분만이 어려워 제왕절개까지 하며 태어난 아기는 자라는 동안에도 식성이 얼마나 좋은지 잘 먹고 무럭무럭 잘 자랐다. 그러나 나중에 병원에서 비만아라고 판정을 내렸고 엄마도 깜짝 놀랐다.

무엇이 잘못됐는지 원인을 알아보니 그는 선천적으로 태내에서부터 영양식으로 자랐고 태어나서도 영양분을 과잉으로 섭취했기 때문에 그리된 것이었다. 이 결과를 무엇이라 말해야 할까?

나는 태교를 연구·조사하며 여러 경우를 기록하고 있다. 여기서도 그 원인인 유행이나 광고 그 자체는 아무 이상이 없었으나, 잘못된 지식은 엄청난 결과를 가져온 것이다. 그리고 이제 그 아기는 비만아로 일종의 기형아인 점을 지적하지 않을 수 없다. 그래서 태교의 지식은 바로잡아져야 하고 여성들이 유행이나 광고에 현혹됨이 없이 적당히 삼가고 적당히 절제할 수 있어야 됨을 가임여성은 일찍부터 알아둘 것을 권한다.

또 한 가지 예로는 초음파 진단기가 나와서 남아인가 여아인가를 판별하기 위한 조사가 유행처럼 번졌다. 초음파 진단기가 임신부나 태아에게 아무 이상이 없다고 선전되니 한번 조사(照射)해 보고 싶은 충동과 건강 유무도 알 겸 해서 많은 임신부가 몰려들었다.

광고나 유행이 이처럼 엄청나고 이런 것이 바로 우리 주변에 산재해 있음을 볼 때 많은 관심이 필요함을 느끼게 된다. 그뿐만이 아니

라 음식물 선전에도 무해무독한 것같이 포장지에 선전되어 있으니
믿고 사서 먹었을 때 임신부에겐 이상이 없었다 해도 태아에겐 치명
적인 독이 됐을 가능성을 생각해 보면 현 사회의 기형아나 선천성 이
상아가 늘고 있는 원인을 알게 된다.
　광고나 유행이 나쁠 것은 없지만 잘못 알아서 나타나는 결과적 현
상만은 무시할 수 없을 정도인 것을 명심해야 할 것이다.

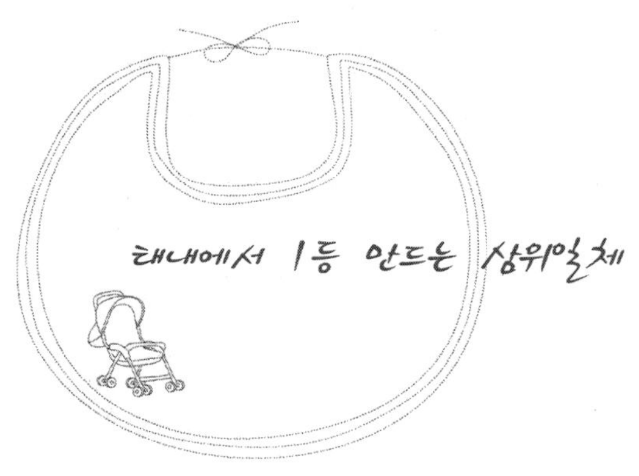

요즘은 보고 느껴야만 믿는 물질문명 시대인가 보다.

그러나 인간을 보고 판정할 기준은 아직 없고 과학이 아무리 발달했어도 IQ 테스트라든가 문제 맞히기, 그림 그려보기의 1등이 고작이며 좀 더 자라면 적성검사나 시험을 보아 알 수 있는 정도이다.

그러나 오랜 문화의 전통으로 이어진 우리는 세 살 때 벌써 훌륭히 될 놈인가를 알 수 있는 방법이 있었다. 할아버지나 주위의 어른들이 책을 펴 놓고 가르치면서 아이가 얼마나 영특한가를 측정했고 기골이 장대하다든가 기억력, 발표력, 판단력 등과 생김새에서 장차 큰 인물이 될 수 있나를 예측했다. 삼세능문(三歲能文)이 바로 그 말이다.

답답한 사람은 사주팔자를 짚어 보는 일도 있었으나 이것을 과학적 행동으로는 보지 않는다.

그런데 인간은 태중에서 성품, 기질, 건강, 용모, 재능, 지능 등이 어느 정도 형성되어 나옴을 잊어서는 안 된다. 배 속에 있는 아기를 보지 못한다고 해서 믿을 수 없다고 한다면 이 또한 어리석은 사람에 속한다.

오랜 전통과 현대의 첨단 과학이 충분히 밝혀 주고 있듯이 태아는 알고 있고 보고 있고 느끼고 감각하는 것이 사실이다.

그러므로 엄마는 먹고, 보고, 듣고, 생각하고, 행동하는 것에 늘 조심하며 좋은 영향을 주어 그를 닮게 하려는 것이다.

이처럼 태아가 엄마의 행동에 일정한 영향을 받고 결과를 보이므로 이제부터라도 우리는 태아에 어떤 영향을 어떻게 줄 수 있을까에 신경을 쓰며 적합한 노력을 경주하지 않으면 안 된다.

그래서 태어날 때 천치 바보를 1등 인간으로 만들기 위해 노력하는 것보다 태중에서 1등 인간으로 만드는 것이 식은 죽 먹기처럼 쉬울 것이라 한다. 그것도 짧은 기간인 열 달(실제로는 5～7달) 동안의 노력이며, 하나만 낳는 시대적인 조류로 보아서 여성의 나이 25세 전후의 진취적이고 발전적인 사고로 삶을 이끌어 가려 하는 상황에서는 쉽게 실천할 수 있다고 본다.

문제는 그것을 알고 잘 행하는 데서 맺어질 결실의 항목을 찾아내야 할 것이며 일반적으로 간단한 해답보다는 여러 가지를 통해 자기 것으로 소화해서 지혜롭게 대처하는 것이 필요하다고 본다.

단지 태어난 뒤 열심히 가르치려고 하는 정성을 들인다면 그것은 백배 천배의 효과를 얻을 수 있을 것이다.

아기를 1등으로 만들고 싶으면 태내에 있을 때 노력하라. 그런 후에 태어나서도 그 정성을 이어 주는 것이다.

삼위일체로 자기 자신, 태내의 영향, 출생 후에도 맥이 이어지는 방법을 실천해야 훌륭한 아기를 탄생시킬 수 있는 것이다.

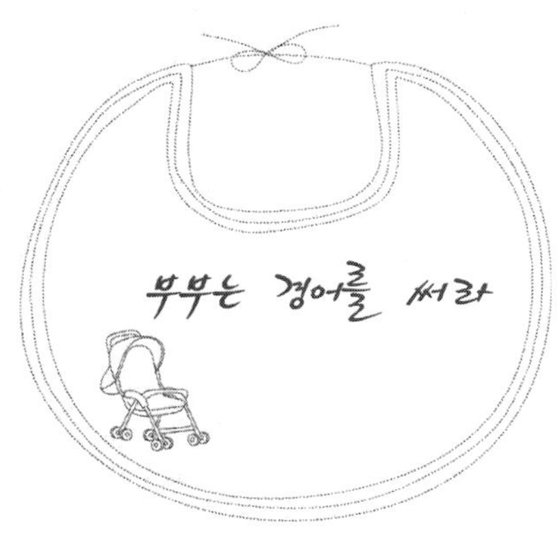

　서구의 문물이 유입되어 신혼부부들이 상대방을 부를 때는 흔히 자기, 그이, 혹은 ○○ 씨 하는 용어를 사용한다. 이것은 시대에 맞는 말이며 유행어로서 귀엽게 인정해 줄 수도 있는 일이다.

　그러나 국민소득이 높아지고 선진국 대열에 돌입하며 안정된 사회, 평화로운 가정을 이룩하는 움직임이 서서히 일면서, 지난날의 잘못된 이혼 풍조를 돌이켜 보면 가정 파괴의 주범은 바로 이 경어 사용이 안 되는 데 있었음을 알 수 있다.

　부부가 잘 화합하여 지속적이고도 오랜 행복을 누리기 위해서는 무엇보다도 이 작은 것 같지만 사소하지 않은 경어 사용에 문제가 있었음을 지적하며, 우리 조상님들의 슬기를 더듬어 본다. 서로를 위하고, 서로 높이며 함부로 대하지 않으려는 태도나, 자신을 내세울 때도 겸허한 자세를 취하며 상대방에게 언짢지 않게 경어로써 대하는 우리 풍습은 참으로 아름답고 예의 바르며 흐트러짐이 없게 하는 부부 화합의 지표였다.

　여보, 당신, ○○ 아빠·엄마라고 부르는 방법이 잘못된 것은 아니지만 그다음에 오는 접미어의 사용에 옛사람들은 명령문이건 의문사

건 부드러운 표현으로 "그렇게 하세요!", "하시지요!", "그렇지 않아요?" 하며 상대방을 존중하는 말을 사용했다.

경어에는 상대방을 위한다는 내재적인 의미를 내포하고 있기 때문에 '당신을 사랑한다'는 서구식의 수식어가 없어도 상대방을 어감으로부터 감싸 주는 역할을 하므로 따뜻하며, 약간의 감정이나 미움, 의견충돌쯤은 거뜬히 넘어갈 수 있는 것이기도 했다. 그런데 요즘 새로 탄생한 부부들은 변화한 시대의 흐름에 따라 뿌리도 절차도 없는 호칭을 사용한다. 유행에 따라 판단 없이 아무런 호칭이든 사용하다 보면 문득 어려운 일에 봉착해서는 해결의 실마리를 찾지 못할 때가 있다. 핵가족 시대의 생활이라 옆에서 충고해 주는 분들도 적기 때문에 즉흥적인 판단에 따라 행동하기 쉬운 것이다.

이런 의미에서 전통적 생활의식과 서구의 생활관습을 비교하며 그들의 장단점을 살펴보니 역사적 의미나 풍토적 여건, 인종적 관습이라는 면에서도 우리의 미풍양속을 버리는 데 급급할 것이 아니라 오히려 발굴·장려하는 습관을 길러야 되겠다는 느낌이다.

부부는 늘 같은 생활여건 속에서 살아가며 같은 목표를 위해 노력하는 최소단위의 공동체다. 남성은 사회생활을 하며 뛰어야 하고, 여성은 보다 알찬 가사를 꾸리다 보면 입장이 다를 수도 있다. 더욱이 현대 사회의 맞벌이 부부라 해도 그들은 각기 서로 다른 여건의 직업환경 속에서 생활한다. 그래서 느낌, 감정, 또 바라는 일이 약간씩 다를 수 있다. 따라서 다른 목표가 설정되고, 또 일과를 보낼 수도 있다. 따라서 의견이 충돌되고, 불협화음이 높아지며 현대의 이혼율이 증가하는지도 모르겠다.

그러나 이혼이 최선의 해결책이 아님을 아는 사람들이 화합하고 참고 견디면서 보다 나은 내일을 설계하는 데에는 서로가 경어를 사용하는 점이 크게 영향 끼침을 알아야 한다. 인생 칠십이 넘도록 해로하며 오래 사신 분들의 경험담을 들어 보면 그것이 제일 중요한 근본이요, 첩경임을 듣게 된다.

이것은 수천 년을 내려온 뿌리 깊은 우리 민족의 자랑이며 예를 숭상하던 우리 조상이 물려주신 아름다운 전통이다.

그러므로 우리 신혼부부는 이제라도 부부간에 경어로써 대하며 서로를 존중하며 행복한 사랑의 시간을 갖도록 해야 한다. 아름다운 경어 사용의 전통을 지키고 '동방의 등불'을 비추게 되어야 한다. 이러한 맥이 있는 우리 문화를 알 때만이 남의 나라와 다른, 뛰어난 발전을 했던 저력을 느낄 수 있을 것이며 동방의 등불이라고 시칭하는 이유를 깨닫게 된다.

개인주의로 부부화합이 성공하기는 힘들며 경쟁의 묘수가 부부화합의 묘수가 되는 것을 보지 못했다. 부부화합의 열쇠는 역시 서로를 높이며 경어를 사용하는 데 있었음을 깨닫자.

'부부는 일심동체'요, '부부싸움은 칼로 물 베기'다. 하지만 그건 부부가 서로 경어를 사용하며 서로를 위할 때 가능한 일이지 그렇지 못하면 '깨진 그릇은 다시 붙이지 못한다'는 말이 있음을 되새기고자 한다.

부부는 나이 차이가 클 수도 같을 수도 있다. 학력이나 자라난 환경이 차이 날 수도 있다. 따라서 이들이 호흡을 맞추며 같은 수준의 생을 영위하려면 서로 경어로써 존경하는 마음으로 대할 때 좋은 관계는 유지되는 것이며, 미움이 생겼다가도 사라지는 것이다. 경어 앞에선 모든 불화가 사라질 수 있다.

경어는 부부화합에 있어 지고지상의 방법이며 우리 조상의 지혜였

다. 아무리 현대가 발전했다 하더라도 이것을 잊으면 금은보화를 잃
는 것과 같고 사는 멋도 잃게 되는 것이다. 이 경어의 사용은 부부생
활 중에 고치기는 힘들다. 그래서 신혼부부에게 당부하니 오늘부터라
도 시작하기를 부탁한다.

　이런 글이 왜 태교책에 쓰였는지 의아해하는 분을 위해 부언하면
정신적 문화인 태교는 바로 이런 것을 근간으로 하기 때문이다. 하나
의 인간을 훌륭히 만들어 보겠다는 것이 어찌 임신 후의 먹는 것, 입
는 것, 조심하는 것 따위로 다 될 수 있다고 하겠는가. 오묘한 생명을
잉태하기 이전에 그 일을 하려는 사람에겐 금과옥조라 할 수 있을 만
큼 중요한 일이 서로를 존경하는 마음을 가지는 일이며 평화로운 가
정을 만드는 일이기에 여기에 소개하는 것이다.

수수께끼 같은 질문이 나왔다.

임금님이 평생 간직하는 것이 무엇인지 물었더니 머리카락, 손톱, 옥쇄(어인) 등등 모두들 상식적인 대답을 했다. 그러나 질문한 사람이 고개를 저으며 아니라고 하니까 모두들 어안이 벙벙해서 서로를 바라보았다. 과연 무엇일까요? 정답은 다름 아닌 태(胎)였다.

태어날 때 달고 나온 탯줄, 자신을 생기게 해 준 귀한 탯줄을 잘 말려 부패하지 않도록 약을 바르고 보에 싸서 목숨이 다할 때까지 옆에 보관한다고 한다.

이는 매우 놀라운 사실이다(태는 태반, 탯줄, 보를 통칭한다. 생명은 떨어져 태어나오는 것). 일반 가정에서는 태를 마당에서 태우거나, 깨끗한 종이나 헝겊에 싸서 산에 가서 태우며, 병원에서는 적출물 처리법에 따라서 위임된 사람이 공인 화장장에서 모아 둔 태를 처리한다고 한다. 하여튼 이러한 사실들은 생명을 오묘하고 성스러운 것으로 여김을 의미하며 생명을 탄생시킨 부속물이랄까, 그의 일부분을 소홀히 다루어서는 안 된다는 겸허한 자세의 표현이라 할 수 있다.

그런데 현대 의학에서도 탯줄이 자궁벽에 매달린 것인지 아닌지라는 물음에 의아해하고 있다. 사실 탯줄의 끝부분은 많은 융모로 되어 있어 흐느적거리며 연결이 되는 상태여서 이것을 붙어 있는 것이라 해야 할지 붙었다 떨어졌다 하는 상태라 해야 할지 설명이 어렵다고 한다. 그래서 출산 후에 탯줄을 잡아당기면 빠져나오는 것 혹은 떨어져 나오는 것이라 말한다.

이렇듯 생명이란 신비하고 엄숙한 것이며 영원한 것이기도 하다.

종교에서 내세를 말하거나 영생·환생을 의미하는 것들은 모두 생명의 불멸을 믿기 때문이다. 이런 생명을 어찌 소홀히 할 수 있겠는가?

태란 생명의 본원이며 시작이며 전부이다. 이로부터 인간은 발생하며 엄마의 섭생·언행·사색에 영향받아 하나하나 기록되고 투사되어 하나의 인간으로 형성·발전하는 것이라 볼 때 우리는 태의 의미에 외경심을 가지게 되는 것이다.

> 생명이란 신비하고 엄숙한 것이며 영원한 것이기도 하다.
> 종교에서 내세를 말하거나 영생·환생을 의미하는 것들은
> 모두 생명의 불멸을 믿기 때문이다.
> 이런 생명을 어찌 소홀히 할 수 있겠는가?

그리고 태아에 좋은 영향을 줄 수 있도록 경건한 마음으로 노력해야 하며 실수로 인해서 태에 손상을 입히는 일이 없도록 태어나는 날까지 소중히 간직하고 다루어야 할 것이다. 정성스러운 마음가짐과 삼가는 행동으로 그리고 합리적이고 긍정적인 노력으로 임하며 넘치

지도 않고 모자라지도 않게 다루어야 할 것이다.

이와 같은 노력이 있을 때 새로운 생명(분신)은 예쁘고 튼튼하고 영특하게 태어날 수 있는 것이다. 정성스러운 노력으로 훌륭하게 태어나면 만인이 칭송을 받는 훌륭한 일을 할 것이며 행복한 삶을 누릴 것이다. 이것이 태어나기 이전의 인간이며 이로부터 인간은 시작되는 것이다.

생명의 시작과 존엄성을 소중하게 여겨야 할 가임여성이 한 번쯤은 알고 넘어가야 할 일례로서 임금님의 태를 보관하는 의미를 간략히 적어 보았다.

TV에서 임신부들을 대상으로 임신한 기분을 물으니 거의가 "불안하다"고 심경을 털어놓았다.

불안은 기형아의 첫째 원인인데 왜 불안하지 그 이유를 물으니 아들인지 딸인지 몰라서, 출산은 어떠할지 그리고 아이는 건강하고 머리는 좋을지가 모두 불안의 요소였다.

이런 것 때문에 불안해하는 임신부들에게는 태교 자료 한 권을 권하고 싶다. 이것을 조금이라도 읽으면 불안은 사라져서 다른 곳에서 불안해소의 방법을 찾고자 노력할 필요가 없을 것이다.

시부모님을 모시고 산다면 시어머님께 좋은 가르침을 받을 수 있겠지만 핵가족으로 따로 살림을 하고 있다면 이런 책을 통하여 지혜를 터득하는 것이 좋으리라고 본다. 만약 그렇지 못할 경우를 생각하여 기형아의 원인을 분석해 미리 알려 주고자 한다.

원인을 5가지로 구분하면,

첫째, 정신적인 것.

둘째, 심리적인 것.

셋째, 병에서 오는 화.

넷째, 약에서 오는 화.

다섯째가 기타 오염 등을 들 수 있다.

첫 번째, 정신적인 것을 현대어로는 '스트레스'라고 할 수 있다.

이 '스트레스'의 요소는 불안·초조·긴장이다. 여기서 불안 등은 스트레스 현상을 일으켜 정신적으로 태아에게 좋지 않은 영향을 줄 수 있으므로 임부는 조심하고 삼가야 한다.

두 번째는, 심리적인 갈등은 피하라고 태교에서는 오래전부터 일러 왔다. 남을 미워하거나 험담하는 일 또는 억누르려는 태도나 살기 있는 마음가짐 등은 태아가 그대로 닮으니 피하라고 했음은 헛말이 아니다.

셋째로, 병을 조심해야 한 일은, 임부가 나쁜 병을 가지면 테아에게 그대로 전달될 것이기 때문이다.

넷째, 약의 화에 대하여는 요즈음 많은 글에 소개되고 있는 바와 같다. 감기에 걸려서 복용하는 아스피린 한 알이 기형아를 만들었다는 의학계의 보고에서부터 여러 가지 약이 우리의 병을 고쳐 주기도 하지만 태아에게는 독성화할 수 있다 하여 꼭 복용해야 할 때는 병원에서 특별 처방한 것 외에는 복용하지 않는 것이 좋다고 한 리포트가 나오고 있으니 임신을 전후하여 출산이 끝날 때까지는 약의 복용을 삼가야 할 것을 잊으면 안 된다.

다섯째는, 공해 오염부터 여러 가지 인스턴트식품의 첨가물이나 세척제, 중금속 등의 오염을 예방할 사전 지식을 지혜롭게 지키는 데 있다.

이상에서 요약한 기형아가 출산될 수 있는 5가지 원인을 잘 지키지 않으면 잘못될 소지가 있는데, 그중에서도 가장 중요한 첫 번째의 원인도 모르고 불안해하는 것은 기형아를 자청해서 만드는 일이 되는 것이다.

그래서 요즈음은 훌륭한 아기를 만들겠다는 의지의 태교보다 잘못될 소지가 있는 부분에서 그 예방책을 찾는 쪽으로 많은 관심이 집중되고 있음을 알 수 있다. 그래서 필자는 태교를 미혼여성들이 알아둘 지식으로 또 임신 후가 아닌 그전에 훌륭한 임신을 목표로 앞당겨 보급하고 있다. 그것은 아무렇게나 임신하면 후엔 문제의 대상이 될 수도 있기 때문이다.

그동안 많은 기업체의 여사원과 근로여성들에게 이런 이야기를 들려줌으로써 장차 어떻게 행동해야 할지의 방향 제시와 현재의 문제점들을 낱낱이 파헤쳐 앞으로 방황하지 않고 열심히 자신이 행복을 추구할 수 있는 지혜를 전달하고자 했다.

얼마 전 반월공단에서 강의를 하고 돌아오는 길에 차에 동승한 여사원에게서 속마음을 들을 기회가 있었는데 그 여사원은 과연 자기도 '떳떳한 어머니'가 될 수 있을지 모르겠다고 말해 나를 놀라게 했다.

누구나 결혼을 할 것이고 결혼을 하면 자연 아기를 갖게 될 텐데 자신이 훌륭한 어머니가 될 수 있을지 의심을 하고 있다니 그 불안한 마음은 이해하나 어머니로서의 자신을 잃고 있다는 데에 놀라지 않을 수 없었다. 임신한 후 불안해한다면 그로 인해 빚어진 결과는 어느 누구에게 책임을 전가할 것인가. 이런 것은 사리에도 맞지 않으며 인륜 도덕에도 어긋나는 일이다.

무슨 결과를 놓고 잘되면 자기가 한 일 '잘못되면 조상 탓'으로 돌린다는 속담이 있다. 그중에서도 인간이 잘못되면 그런 경향이 있는데 참으로 어처구니없는 미신적인 책임전가다.

아무리 유전적인 면이 있다손 치더라도 누구 잘못인지 분별도 못하면서 조상을 들먹이다니 얼마나 불효막급한 행동인가? 이것은 일부의 선천성 심장병 아동 어머니나 정박아 어머니들을 만나서도 알 수 있었다. 그래서 어느 때는 이를 규명하고자 그 부모들을 의도적으로 만나 보기도 했는데 원인은 바로 자신들에게 있었음을 밝혀냈다. 오히려 그 원인이 임신, 출산에 있거나 그 이전의 처녀, 총각 시절의 행동에서 문제가 발견되기도 했다.

비과학적, 비위생적인 생활 또는 비합리적인 부부생활 속에서 잘못된 요인이 있었다. 이런 것이 모두 환경의 영향이라는 측면에서 지적될 수 있는 자신의 잘못이다. 따라서 그 잘못을 조상에게 돌려서는 안 되며 선진국으로 가는 길목에서 문화인이 되려면 올바른 생활 자세를 가져야 한다. 그것이 또 조상숭배로 이름난 우리의 지세이다.

'누워서 침 뱉기'라는 말이 있듯이 자신의 일은 자신이 책임지는 풍토를 조성해야 하며 아기는 자신이 행동한 대로 만들어진다는 것을 되새겨야 하겠다. 그리고 불안은 모두 버리자. 그것이 바로 태교이다.

이 세상에서 가장 고귀한 것이 무엇이냐고 묻는다면 쉽게 돈이라고 답하게 될는지도 모른다. 이는 현대 사회의 발전양상이 돈을 요구하고, 모든 경제구조가 돈을 목표로 치닫고 있기 때문이다.

그러나 아무리 돈이 필요하다 해도 인간만큼 중요하지는 않다. '사람 나고 돈 났지' 하는 말이 있어도 돈 나고 사람 난 역사는 없다. 그래서 돈은 사람이 살아가는 데 필수불가결의 요소라 할 수는 있어도 사람 없는 곳에 돈은 무용지물이다. 그래서 돈은 객체요, 사람은 주체가 된다. 잘못하여 객체가 주체가 되고 주체가 객체 될 때 허무가 찾아오고 삶은 보람을 잃게 된다.

사람이 사람답게 사는 데에 가치가 있고 돈과 함께 하는 곳에는 약간의 값어치가 있을 뿐이다. 돈은 우리를 괴롭힌다. 그러나 돈이 없으면 여러 가지 불편이 오고 많은 곳에 부족을 느끼기는 하나 잘못하여 돈에 휘감기면 인간은 방향 감각을 잃고 늪에서 허우적대는 일이 허다하다. 돈을 벌었어도 쓸 곳을 찾지 못하는 사람도 허다하다.

그래서 태교에서는 이 혼돈을 바로잡기 위해 노력한다. 그것은 돈의 중요성보다 인간을 훌륭히 만드는 일에 온 정성을 기울이라는 요구를 하기 위해서다. 또한 실제로 돈을 벌기 위해서 바쁘게 생활하다 조그만 실수로 잘못된 아기를 낳게 된다면 그 변명을 받아 줄 사람이 따로 없는 것이다.

건강 사회를 추구하는 부모들은 누구나 이러한 사실에 주의하여 건강한 태교를 실천해야 한다. 그래야만 이로써 2세들이 건강한 삶을 누릴 수 있는 것이다. 긴 인생을 놓고 볼 때 '한 번 실수는 병가지상 사'라 할 수도 있겠지만 인간을 만드는 데 단 한 번이라도 실수한 여성은 평생 그 불행을 지고 가야 하며 모든 생명은 여성의 손에 달렸기 때문이다.

세상이 아무리 변해도 여성 역할 중에서
가장 고귀한 것은 훌륭한 생명을 잉태하고 출산하고 육아하는 일이다.

세상엔 삼대 성인인 공자, 석가, 예수가 있었다. 한 분은 공경하는 도리를, 한 분은 내세의 극락과 지옥을, 또 한 분은 영생의 진리로 사랑과 용서를 설파하셨다. 그러나 어느 분도 돈으로 그 일을 할 수 있다고 말씀하지 않았다. 더욱이 부처는 구천지하의 마귀를 구출할 수는 있어도 못된 인간을 구출하지는 않는다 하였고 예수는 희생으로 믿음을 입증하며 구원을 얻도록 복음을 전파했다. 이는 모두 인간을 근간으로 한 경륜이지 물질이나 돈과는 관계하지 않는다.

우리는 이분들의 경서를 보며 자신을 삶의 거울에 비추어야겠다. 조그만 일에 현혹되며 당치도 않은 일에 빠져드는 행위는 어리석

음이다. 세상이 아무리 변해도 여성의 역할 중에서 가장 고귀한 것은
훌륭한 생명을 잉태하고 출산하고 육아하는 일이다.

　여성의 일생은 자신의 생활뿐만 아니라 새 생명의 생활까지도 포
함한다. 모두 생명에 외경의 마음을 가지고 세상에서 가장 고귀한 것
은 역시 인간임을 깨닫자.

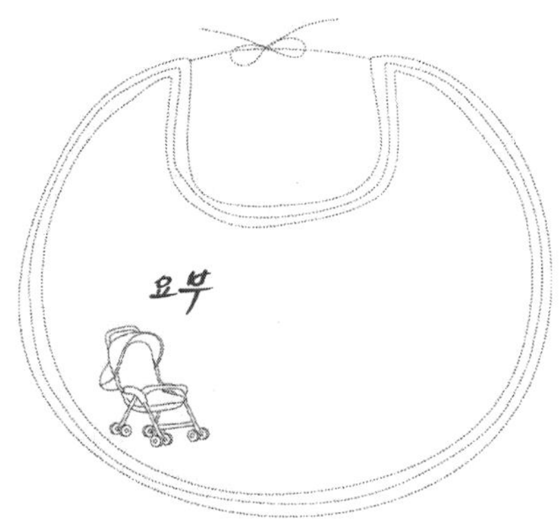

요즘 남성은 요부를 좋아하는 것 같다. 매스컴을 이용하는 글이나 그림 혹은 사진 등이 그런 쪽으로 기울고 소설들도 모두 향락적인 내용들을 싣는 데 열을 올리고 있으니 자라나는 젊은이들의 이성관도 당연히 그런 쪽으로 기울고 나쁜 습성을 키우게 된다.

시대가 그러니까, 세상이 바뀌니까, 흐르는 물결이 하도 엄청나게 흐르니까 막을 도리도 피할 수도 없다. 다만 옛말인 '성인도 시속(時俗)을 따르라'는 말을 되뇌곤 한다.

요즘 청소년들의 은어에 희귀동물·멸종동물·천연기념물이란 말이 유행하는데 주석을 달면 숫처녀, 숫총각, 그 사이에서 태어난 자녀라는 뜻이다.

어느 여학생은 성을 경험하고 싶은 충동을 느낀다는 보도가 있었고, 또 어느 여성은 성을 스포츠로 여긴다는 충격적인 말도 나왔다. 그뿐 아니라 미혼모가 늘고 있다는 보고나 우리나라 임신중절이 하루에도 1만 명에 달한다는 리포트도 있었다.

잡지마다 간통사건 아니면 이혼사건이 재미있는 기사인 양 꼬리를 물고 책에 실리고 있다. 그렇게 되니 가만히 지켜보고만 있던 남성들도 호기심이 생겨 어떤 여성이 요부형인지 관심을 갖기 시작하며 빠져들고 만다. 그러고 보니 확실히 요부형 여성이 판을 치는 시대에 돌입했나 보다. 아니 훨씬 더 갔는지도 모른다.

그러나 돌이켜 보면 동서고금 그렇지 않았던 시대는 거의 없다. 프로이트나 『킨제이 보고서』에서 '인간의 모든 행동은 성적 충족으로 본다'고까지 했으며 '오감육각이 모두 이것에 의한 것'이라고 비유했다.

그러나 여기서 주의할 점은 아무도 자기 부인이나 자기 딸이 요부가 되기를 바라는 사람이 없으니 이게 무슨 이율배반적인 현실인가? 자기 부인이나 딸은 목석이란 말인가.

그리고 우리가 알아두어야 할 점은 아무리 사회가 요부형의 여자가 횡행하는 세상이라 해도 그것은 '빙산의 일각'이며 그런 사람은 극소수에 불과하다는 것이다.

여자고등학교 여러 군데를 다니며 강의를 하는데 500~800명이 모인 곳에서는 불가능하지만, 한 반을 놓고 TV 시스템이나 마이크 시스템으로 강의를 할 때는 몇십 명을 하나하나 뜯어보며 강의를 하는 경우가 많다. 그때의 그 맑은 눈동자며 흐트러지지 않은 단정하고 순수한 표정에서 요염하고 몹쓸 일에 빠진 것 같은 모습을 찾아볼 수 없다. 그래서 많은 부분에서 보도된 사실에 부정적인 측면을 느낀다.

겉모습만으로 인간을 다 알 수는 없고 열 길 물속은 알 수 있어도 한 길 사람의 마음속은 알 수 없다고 한다. 그러나 사람의 마음 깊이는 무척 깊은 줄 알지만 얼굴 표정은 그리 살피기 어려운 것이 아니다. 더욱이 잘못을 저지른 여학생의 얼굴 표정에는 아무리 감추려 해도 죄스러운 감이 나타난다. 그래서 나는 많은 부모님께 염려 말 것을 당부하며 그들이 잘못에 빠지지 않게 잘 선도하길 부탁한다.

세상에선 요부를 좋아하는 것 같아도 우리나라 여성들은 현모양처가 되기 위하여 열심히 노력하고 있으며 이들을 옳은 길로 유도하는 것이 우리의 임무다. 우리 딸들은 분별의 지혜와 훌륭한 자질로써 변하는 사회에 잘 대처하며 무사히 자라나고 있다.

미리 올바른 지식, 성(性)과 인간 발생의 지식을 갖추도록 해야 할 것이며, 이것이 불행의 예방 지식이며 행복의 바로미터라 할 것이다.

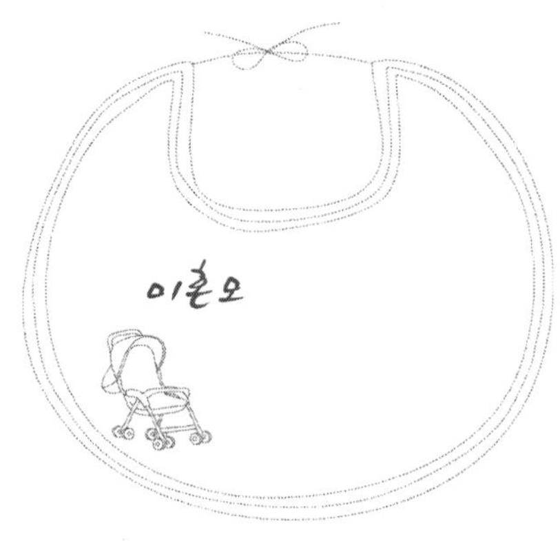

  기형아가 증가하고 미혼모가 증가한다는 매스컴의 보도는 미래의 사회상을 바라볼 때 사회의 큰 걱정거리가 아닐 수 없다. 서구식 성개방에 따른 문란한 행동이 인류를 파멸로 유도한 AIDS를 발생시키고 말았으니 누구를 탓할 수 있겠는가?

  주지하는 바와 같이 미혼모 증가 현상은 어느 나라에 국한된 문제가 아니고 세계적인 추세이므로 뚜렷한 방향모색이 요청되며 성문란의 결과로 파생된 미혼모와 버려진 아기, 아버지도 모르는 아기들의 장래는 과연 어떻게 될지 10년 후, 20년 후의 사회를 염려스럽게 하고 있다.

  이러한 미혼모는 미국에는 수백만, 일본에도 100만 명이 넘는다고 하며 우리나라에도 적지 않다고 한다.

  정부에서는 이들을 구제하기 위하여 복지정책의 일환으로 그 아기들을 맞아 양육하는 기관을 운영하고 있다지만 시설 부족, 일손 부족으로 일부에게만 혜택이 주어지고 있어 기아 문제도 적지 않은 염려의 대상이 되고 있다.

  근본적으로 생명 발생을 소홀히 생각하는 젊은 여성들에게 성교육이 아닌 발생교육을 시켜 이들을 옳은 방향으로 인도할 기회가 요구됨을 지적하지 않을 수 없다. 그리고 성생활이란 별도로 떨어져 있는 듯하지만 결국은 발생문제와 직결된다.

또한 발생은 그 환경에 따라 기형아나 문제아와도 연결되어 있다. 그런데 아무것도 모르는 젊은 여성들을 불행의 늪으로 빠지게 하는 구조적인 사회현상은 장래를 크게 잘못되게 할 소지가 있다. 이러한 결과가 한 여성이나 한 아기의 불행의 문제에 국한된다면 모르지만 사회 전반적인 불안의 요소가 될 수밖에 없고, 정신적·신체적으로 건강한 사람에게도 적지 않은 문제를 몰고 올 것이기 때문이다.

미국의 영화에서도 이 문제를 다루었는데, 「My Baby」라는 TV 영화를 보니 어느 풋내기 남녀가 일시적인 성충동에 의해 동침을 한 후 헤어지고, 아기가 생긴 것을 안 여인은 아기를 출산하게 된다. 아무런 준비 없이 벌어진 일이라 관계기관에 호소하여 아기를 낳고, 양육할 사람을 만나 아기를 주고 말았다. 그러나 길을 걷다가도 자기가 낳은 아기와 같은 모습의 남의 아이를 보고 착각을 일으키기도 하고, 멍하니 길에 앉아 상념에 빠져 있다가 미친 사람으로 오인되기도 하며, 자주 뇌리를 스치는 아기의 영상에 정신이상 현상까지 일으키게 된다. 그 후 그 여주인공은 아기를 찾지 않고는 견디지 못할 것 같은 진한 모성애에 결국은 아기를 맡겼던 기관을 찾아가 호소를 해 본다.

그러나 계약에 의한 의탁이므로 돌려받을 수 없다는 것을 알게 되었고 변호사에 의뢰해 법에까지 호소를 하게 된다.

오랜 법정싸움 끝에 다행히 생모에게 돌려주라는 법원의 판결을 받지만 시청자에게 옳은 판단이라고 공감을 얻을 만큼 잘된 판결은 아니라는 느낌을 주었다. 그것은 양부모가 정성스럽게 아이를 키우고 있었기 때문이기도 하고 비록 일시적 충동에 의해 잘못된 결과를 빚었지만 정신착란까지 일으켰을 때의 이 여인의 모습이 불쌍하게 느껴졌기 때문이기도 하다.

이런 문제에 관한 한 세계에서 복지정책이 가장 잘 되어 있다는 덴마크에서도 아빠가 누구인지 몰라서 아기의 혈액형을 분석하여 '아빠 찾아주기 운동'을 벌이는 등 이젠 복지정책 자체를 개선해야겠다고 개탄하고 있다니 가히 알 만한 일이다.

발전이란 보다 좋은 단계로 변하는 것을 말하는 것인데 이러한 현상으로 보면 인류가 거꾸로 발전하고 있는 듯하니 이를 발전이라 할 수 있을지. 장차 복잡해질 가족문제, 사회문제를 어떻게 처리해 나아가야 할지, 제도문제로부터 많은 문제를 야기시키고 있다고 평가서는 말한다.

변하는 게 사회고, 문제가 늘 발생하는 게 사회라지만 화목한 가족제도의 아름다운 전통의 우리 제도를 외국 사람들에게 보여 주려면, 이제부터라도 빨리 이 모습을 고치는 작업이 이루어져야 하지 않을까.

제6장

민속·일화

음양설, 오행설을 설명하기란 무척 어렵고 지루하다. 그리고 현대인은 케케묵은 옛날이야기라며 알아도 소용없는 것이라 여기기도 한다.

그러나 이것은 우주의 원리를 설명한 것이요, 만물의 생성이치를 설명한 것이다. 과학이라는 형이하학적인 방법만으로는 이해되지 않는 것을 설명해 놓은 형이상학의 세계라 보고 가볍게 필요부분만 요약해 본다.

음양(陰陽)은 달과 해, 하늘과 땅, 여자와 남자, 정(靜)과 동(動) 등을 상대성 개념으로 해서 시간과 공간은 무(無)에서 하나인 태극(太極)이 되고 우주 만물은 태극이 사상(四相)을 이루어 8괘하고 64괘로 다시 384효(爻)를 이룬다는 생성의 원리를 말함이다.

인간의 몸은 음과 양이 합쳐서 무한한 조화를 일으킨다. 숫자로 기수는 양, 우수는 음이며, 둥근 원은 음, 모난 각은 양이다. 공기에서 산소는 양, 질소는 음이며, 더운 것은 양, 추운 것은 음이다. 하루 24시를 보면 아침 3시~오후 3시는 양이며, 오후 3시~아침 3시는 음이다. 인체에서 오장이라는 심, 폐, 비, 간, 신(염통, 폐, 지라, 간, 콩팥)은 음이며, 육부라는 위, 대장, 소장, 담(쓸개), 방광, 췌장은 양이다.

오행(五行)은 자연을 金, 水, 木, 火, 土로 구분하고 이(理)와 기(氣)가 합쳐 만물이 생성 변화하는 법칙을 논한다. 모든 물체(물질)의 성질, 모양, 선악과 사시의 변화는 이 규칙으로 이루어진다. 인체에서 오행은 상생작용과 상극작용이 있다.

그러므로 서로가 연관되어 어떤 때는 필요를 느끼며 어떤 때는 상극인 현상도 일으킨다. 이러한 오행의 오묘한 이치 속에서 만물은 생성하는 것이라고 한다.

또 오행은 만물의 변화, 명멸을 이치적으로 풀이했는데 이것이 상대성, 상보성이다.

한의학의 치료방법은 이 오행을 근간으로 상생상극의 법칙에 두고 상대성·상보성으로 처방한다고 하는데 인체에서 보면 金은 폐며, 水는 신, 木은 간, 火는 심, 土는 비장이다. 오장은 서로가 의지하며 생하고, 반대로 金은 폐·대장이고, 木은 신장·방광이고, 火는 심·소장, 土는 비장·위이다.

상생을 다시 설명하면 6부라는 위, 대장, 소장, 췌장, 쓸개, 명문은 5장과 상보성이어서 위는 비장과 맥이 같아 역할도 같이하고 대장은 폐와, 소장은 심장과, 쓸개는 간과, 명문은 신과 맥이 같아 역할을 같이 한다.

이렇게 하여 가령 심장이 나쁜 사람에게는 심장에 필요한 약만을 투여하는 것이 아니라 상생하고 있는 소장과 상극인 신장에까지 필요한 처방을 하며 원인과 영향을 끼친 부위도 서로 보완하게 한다.

다시 말하면 인간의 생성(生成)은 음양의 이기(二氣)가 합쳐서 되는 것으로 이야기하며, 오행의 법칙으로 변화함을 나타냈는데 자세히 보면 과(過), 불급(不及)이 나온다.

우리 몸에는 12경락이 있고 각 경락은 내장에 연결되어 있다. 각 경락에는 여러 경혈이 있는데 그중 5행성 경혈 5개를 침법에 적용한다.

5行 침법에는 補(보)와 寫(사)의 처방 조립의 원칙이 있다.

열로 간이 약한 태양인 Ⅱ형에는 木을 보강하는 肝補方을 쓰며 열로 간이 강한 태음인 Ⅱ형에는 木을 약화하는 肝寫方을 약을 쓴다(5개 經穴 자극을 주어 내장 생리 기능을 조절한다).

이것은 태교 내용에 필요한 점이라 느껴 알아본 것이다. 태어나는 것은 원인이 있고 그 원인은 생명을 창조한다. 그 후 매사에 지나치거나 모자람은 문제의 소지가 있다. 너무 더워도 너무 추워도 나쁘며 너무 많이 먹거나 영양분이 부족해도 안 된다. 그런데도 좋은 것만 생각하고 중용(中庸)을 모르는 사람이 있다면 이 기회에 지적하고자 한다.

인간의 신체는 정교한 컴퓨터 이상으로 정밀하다. 필요하면 요구하고 때가 되면 신호를 보내게 되어 있다. 그런데도 덮어놓고 욕구를 채우는 사람을 보면 어리석음을 탓하지 않을 수 없다.

더욱이 임신을 하고자 하는 사람이나 이미 한 사람들은 더욱 그렇다. 적절히 알아서 섭취하고 적당한 운동을 할 줄 알아야 훌륭한 아기가 기대된다. 따라서 나태하게 생각하며 잘못 전해진 뿌리 없는 이야기나 유행만 믿는 식의 오류는 삼가야 한다.

모든 것이 상대적이요, 상보성임을 명심하자. 음식에도 산성, 알칼리성이 있고 냉성, 열성이 있다. 몸이 산성인 사람은 알칼리로, 몸이 냉한 사람은 더운 음식이 좋은 조화를 이룬다. 그런데도 산성 체질의 사람이 음식 맛만 보고 산성 음식을 자꾸 먹는다면 몸에 이상이 생기고 태아에게도 좋은 영양을 주지 못한다. 그러므로 우리는 원초적으로 무엇을 어떻게 해야 할지를 알아야 한다. 한편 이열치열(以熱治熱)

이란 말이 있지만 이건 특별한 경우이고 '음양의 이기(二氣)가 교합하면 만물이 화생하니'는 기본이 되는 이치이다. 결혼하여 부부생활을 하게 되면 생명이 생기는 것은 우주의 원리이다. 그러나 하나 낳기 운동과 더불어 아주 안 낳겠다는 미국의 딩크족이 있다는 이야기도 있으나 혹 다시 낳겠다고 마음을 돌이킨다면 그때 이 같은 것이 해당된다. 시대상황과 생활관습은 달라질지 몰라도 만물의 생성법칙은 아직 변함이 없다는 것을 되새기자.

인구 억제 시대라 하여 아주 안 낳겠다는 계획을 세운 분에게는 별로 흥미가 없을는지 모르겠지만 아직도 불임 때문에 고민하는 분이 있다면 그런 분을 위한 조언이 되지 않겠나 하여 소개한다. 전통태교에서 임신이 되는 날, 즉 구자일(求子日), 합궁일(合宮日), 귀숙일(貴宿日)을 씨받는 날로 보았는데 그것을 현대적 감각으로 풀이해 보려 한다.

아기가 필요한 집에 아기가 없어 공연히 불안해지는 사람, 또는 독자 집안이기 때문에 꼭 아기를 가져야 하는 분들을 위하여 하는 조언이다. 그리고 아무리 인구 추세가 걱정스럽게 증가한다 하더라도 전통태교는 알아야 할 부분이다. 이는 대를 잇는다는 오랜 우리 전통에 의한 것이며 또 아무리 부부만의 행복을 추구하려 해도 아기가 없는 집안은 무엇이 빠진 듯한 적막강산과 같은 생활이기 때문인지도 모르겠다.

신의 섭리, 자연의 순리를 떠나서도 인간 사회는 그렇게 이루어져 왔으며 이를 역행하는 생활은 역시 잘 순화되지 못하는 일면을 보인다.

그래서 그런 분을 위하여 파헤쳐 보니 임신을 기대하는 부부는 배란일을 잘 맞춰 부부관계를 하는 협의의 지혜를 가져야 함을 알 수 있었다.

여자의 일생 중 난자는 400~500개가 생성되고 배출되는데 그것이 젊었을 때는 한 달에 1~2개가 떨어지고, 30이 넘은 연령층은 1개, 좀 더 나이가 들면 두 달에 1개 혹은 석 달에 1개도 된다 하니 임신의 적령기는 30대 후보다 20대가 무난한 기간으로 볼 수 있다.

여성들의 생리주기가 다르기 때문에 꼭 어떤 날이라고 못을 박을 수는 없겠지만 평균치로 월경 후 1주가 지나면서 3일을 더하고 그 후 3~5일이 배란일이다. 그러나 또 다른 학설은 월경 다음 예정일 전 12~16일을 배란일로 하는 사람도 있다. 가령 생리주기가 28일이라 했을 때 쉽게 중간 일로 보면 된다는 설과 체온을 계속 체크하다 체온이 갑자기 떨어지는 날, 혹은 달을 보며 만월이 되는 날을 배란일로 보면 틀림없다고 하는 설도 있다.

그런데도 잘 맞춰지지 않는다면 일단은 약간의 시간적 오차나 그때의 생활주변 혹은 환경에서 오는 변화라고 생각할 수도 있다. 그것은 그때의 기분 또는 어떤 일의 걱정 같은 것도 원인이 될 수 있다.

이것을 전통자료나 경험철학에서 인용한 것을 보면 이때는 일반적 부부관계보다는 좀 다르게 오히려 '여성 쪽에서 받치는 날' 혹은 '유난히 남성이 그리워지는 날'이라고 표현되기도 하며 그런 날 기분이 이상하다고 느껴져서 곧 체온을 검사해 보면 배란을 확인할 수 있다.

이날을 위하여 다른 날은 부부관계를 삼가거나 절제하는 행위도 부부화합의 좋은 방법이 될 수도 있겠다.

그래서 오래전부터 우리는 이날을 귀숙일, 합궁일로 보고 구자일로 지켰는데 이것은 궁중이나 대갓집에서 더욱 그러했다. 그때까지는 각방을 쓰더라도 그날이 오면 동침을 허락한 것을 보면 이날은 아기를 갖고자 하는 사람이라면 지켜야 할 귀한 날인 것이다.

그런데 이를 알고 실천해도 임신이 안 되었다고 고민을 하는 분은 그때가 정신적 심리적으로 안정된 상태였는지에 의문을 던져 볼 수도 있고, 요즘은 생체리듬을 그래프로 그려 보는 방법도 있으니 부부의 생체리듬이나 기(氣)가 맞지 않는 날인가를 알아보는 방법도 있겠다. 물론 병원에 가서 원인 규명을 해 볼 수도 있다.

특별하게 남녀 어느 쪽이든 결함이 있을 땐 예외가 되겠으나 그렇지 않은 경우는 이런 전통적인 방법을 알고 행하면 도움이 될 수도 있을 것으로 본다.

예로부터 훌륭한 자손을 얻기 위한 합궁은 따로 있었기 때문에 이것을 잘 인용해 보면 과학 이상의 효과를 볼 수 있다고 하기에 한 방법으로 밝혀 둔다.

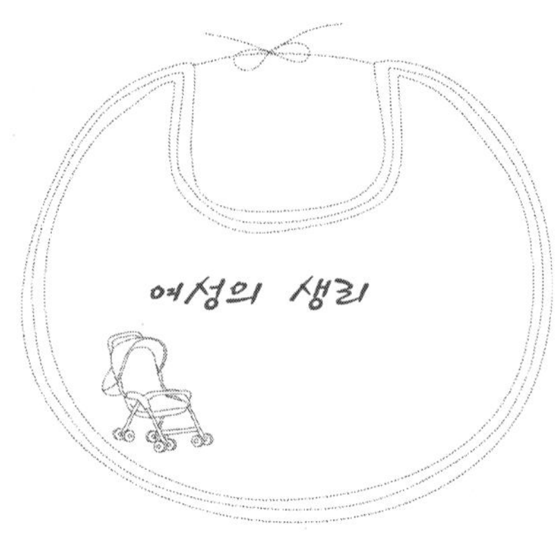

여성의 생리를 월경이라 한다.

한문으로는 '月經'이라 하고 달의 주기, 달의 생성명멸의 이치와 같다고 하여 우리는 월경이라 쓴다.

누가 이렇게 이름 붙였는지 확실치는 않으나 달의 주기와 같은 여성의 생리 주기의 원리와 여성의 역할을 볼 때 월경은 신비한 여성의 생리현상이다.

14세가 되면 시작하는 출혈은 여성이 여성으로서의 역할을 할 수 있다는 신호이며, 건강이 나빠지면 양이 줄거나 순탄하지 못하고 임신을 하게 되면 끊어진다. 왜냐하면 여성은 경맥 혹은 경락이라고 하는 맥이 두 개가 있어서 하나는 자신의 생존을 영위하는 데 쓰이고, 하나는 월경으로 변하여 나타난다. 임신을 하면 중앙으로 올라와 태중의 아기를 키우는 역할을 하고 출산 후에는 위로 올라붙어 젖이 되어 아기를 먹여 키우는 역할을 담당한다. 그리고 아기가 젖을 끊게 되면 월경은 다시 시작이 된다. 이것이 정상적인 여성의 생리이다.

그런데 여성마다 다른 주기가 있어 어떤 이는 23일, 어떤 이는 28일, 어떤 이는 31일도 있다. 기본 주기를 28일로 하니까 음력으로 작은 한 달이 되며 이 음력은 농사에도 이용되는 것으로 동양에서는 달의 주기에 맞추어 농사의 일손을 조절했었다.

요즈음 서양 사람들이 한국 사람이 사용하는 월경이란 글자를 풀어 연구하면서 감탄했다는 말을 보면, 우리의 선조가 여성의 생리에 부여했던 의미를 되새겨 볼 필요가 있다.

어째서 이렇게 이름 붙였을까? 월경이란 무슨 의미가 있을까? 그래서 조사해 보니 달은 햇빛을 받지 않고는 스스로 빛을 발하는 천체가 아니다. 또 남성에게는 월경이 없다. 여성만이 갖고 있는 특수한 생리인 이것은 곧 생명을 발생시키는 신호이며 맥이다.

오직 여성에게만 주어진 이 권한과 이 능력, 이것은 섭리며 천리라 생각한다. 아무리 시대가 변히여 남녀평등이 이루어진다 하더라도 이 의무를 남성에게 돌릴 순 없다. 요사이 과학계에서는 불임부부를 위하여 남성이 대신 임신해 보려는 실험이 진행된다는 소식이 있으나 이 망측한 연구는 중단되어야 한다. 수만 년 수천 년의 인류 역사가 그러했고, 또 세계 어느 종족을 막론하고 여성이 임신하고 여성이 젖을 먹여 키웠지 남성이 이 역할을 대신 하는 일은 없었으며 이 변혁은 인류 사회에 큰 이변을 낳게 할 위험천만의 일이라 할 수 있기 때문이다.

아무리 유전공학이 발달했다 해도 이 문제를 함부로 동식물 다루듯 실험한대서야 말이 안 되는 것이다. 비록 화성·금성인을 연상하며 괴이한 인종의 탄생을 꿈꾸는 만화가의 착상이라도 그건 안 되는 일이다. 그만큼 생명은 경이롭고 신비스러운 존재인 것이다.

더욱이 발생에서부터 태내문제, 출산문제를 연구하는 입장에서 보면 이 오묘하고 신비한 생명이 조금이라도 어떤 변이를 일으킨다면 그에 따른 사회질서, 국제질서가 가정문제로부터 달라지고 자연의 질서를 망가뜨릴 무서운 공포의 시대가 올 것임을 생각할 때 이러한 실험은 중지되어야 할 것으로 안다.

신은 왜 여성에게만 아이를 낳을 수 있는 능력을 주었을까? 그것은 풀지 못할 수수께끼가 아니라 여성이 월경이 있고, 자궁이 있고 젖이 있으며 아기를 키울 만한 성품을 보유하고 있기 때문이다.

아늑하며 포근하며 수동적인 자세 월경이란 이름은 이러한 여성스러움을 염두에 두고 붙여졌는지도 모른다. 기름진 밭을 만들어 놓고 씨가 뿌려지기를 기다리는 여성의 성품은 여성만의 의식이다. 그래서 남성은 '태양'으로 여성은 '달'로 비유했는지도 모르며, 과학에서 파헤쳐 본 달의 생김새가 아닌 천체의 역할 면에서 본 달의 생성·명멸은 꼭 여성의 생리주기와 같음에 놀라지 않을 수 없다.

늘 사용해 오던 단어라고 무심코 흘려보내기 쉬우나, 다시 한번 되새기니 참으로 재미있는 표현이었음을 느낀다.

지구를 돌며 크게 한 바퀴 해를 돌고 나면 양력과 거의 같은 1년을 기록하게 되는 달의 이 궤도는 어딘지 모르게 여성이 남성과 짝지어 살며 한평생을 동고동락하고 검은 머리가 파뿌리 될 때까지 사는 부부와 같다고 한다.

그런데 눈·코·입·귀도 같고 오장육부는 같아도 여성이 다른 것은 이 월경이 아닌가 한다. 그래서 여성은 월경이 순조로워야 하며 일정한 주기로 비칠 때 잉태도 순조롭고 훌륭한 태교로써 바라는 아기가 생산된다.

월경이 불순하면 아무리 욕심이 있어도 잉태부터 마음대로 못하니 태교도 잘할 수 없다. 그러므로 여성은 가임기가 되면 우선 순조로운 월경부터 가질 수 있도록 노력해야 되는 것이다.

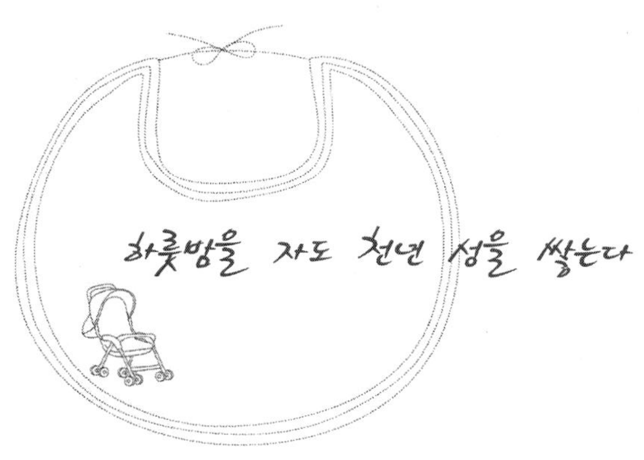

여성의 몸은 특수한 기능을 보유하고 있어 성관계를 하는 데에도 쾌락의 의미만이 있는 것 같지 않다.

여성의 성관계는 무시할 수 없는 바가 생명 발생과 연관되다는 점이다. 생명이란 예고가 없다. 아무리 원해도 생기지 않을 수 있고 아무리 피하려 해도 생길 수가 있으니 예방조치를 하지 않는 한 섭리라 할 수 있다.

옛날 우리 풍습엔 성년이 되어 가는 여식을 보면 할머니나 어머니들이 만약을 우려하여 조용히 가르치셨다. "여자는 그저 하룻밤을 자도 천년 성(만리장성)을 쌓아야 한다"라든가 "쌓을 줄 알아야 복이 온다"고 하였다.

이 말은 원래 탁수(琢水)에서 살다 한반도로 온 진한(辰韓) 사람들이 마지막 밤을 의미 있게 보내기 위하여 만든 말이라 한다.

진시황(秦始皇) 시절에는 만리장성을 쌓기 위해 많은 남자들이 동원되고 동원된 남자들은 죽어야 부역을 마칠 수 있었다. 그래서 여성들은 혈맥을 잇기 위해서 하룻밤을 헛되이 할 수 없었고 잉태를 위한 일을 염두에 두지 않으면 안 되었다는 데서 유래했다고 하는 설이 있으나, 변화한 우리 풍습은 다른 의미를 내포하고 있다.

무슨 뜻인지 현대 여성이라면 해설을 붙이지 않아도 의미 있는 말임을 알 것이다.

남녀의 결합은 뜻이 있는 일로서 만약 생명이 발생했을 때를 대비한 준비가 마련되어 있는가 하는 의미로 풀이되고, 생명이 발생하면 자신의 무한한 가능성도 일단은 운명의 결정으로 보아야 한다. 그래서 여자 팔자를 두레박에 비교했는지도 모른다.

요즘은 미혼모도 많고 자식 못 낳는 사람이 아이를 데려다 양육하는 방법이 생겨서 편리한 시대라 할 수 있을지는 몰라도 그것이 완전무결한 해결 방법인 양 착각해서는 안 된다. 처리방법이 제도적으로 잘 갖추어진 미국에서도 이 문제가 말썽을 일으켜 사회화된 이야기가 있다.

대리모의 양육권, 법률논쟁이 그것이며 법률가들의 모의재판에서도 뚜렷이 못을 박지는 못했지만 "아기는 임신하고 출산한 어머니와 일차적 생존관계를 갖고 있다"고 강조했다.

여기서도 태란 혈육으로 맺어진 자기의 분신으로 함부로 남에게 줄 수 있는 것도 아니요, 출산 후에 쏟아 버린 태아를 둘러쌌던 보자기 같은 것도 아니라는 점을 일깨워 준다.

그렇다고 만들어졌으니 반드시 책임을 져야 한다는 의미만은 아니다. 일단 만들어지면 자신과 동행하고 있는 생명임을 알아야 하고, 의식이건 무의식이건 떼어 놓을 수 없는 자신의 분신임을 알지 못하는 여성이 있다면 짚고 넘어가야 할 현대 사회의 과제라 할 수 있다. 그래서 여자는 '하룻밤을 자도 천년 성을 쌓을 줄 알아야 한다'는 가르침은 현대 사회라 해도 이것이 행복의 길이요, 불행을 예방하는 가르침인 것을 새삼 느끼게 되는 것 같다.

결혼식

　우리나라 풍습에는 남녀가 장성하면 짝짓기를 하되 공히 양가의 부모님의 승낙을 얻어야 하고, 결혼식을 하되 친척과 동료가 있는 자리에서 삼신(천, 지, 위)에게 부부가 되었음을 맹세하는 의식을 지켰다. 그래서 결혼은 매우 신중하게 행해졌으며 한번 맺어진 부부는 검은 머리 파뿌리 되도록 평생을 함께 보내며 기쁜 일, 슬픈 일을 함께 나누었다. 그리고 헤어진다는 일은 상상조차 할 수 없는 일이었다. 그래서 "결혼을 하지 못하면 죽어서 저승에도 못 간다"는 말이 있었던 것이다. 이는 그만큼 결혼이 중대한 의식에 속했다는 것을 단적으로 나타내 주는 말이다.

　부모는 자식이 독립된 생활을 할 수 있을 때까지 생육문제를 책임지며 내리사랑을 한다. 이에는 물론 부모를 공경하는 것이 근본이 되며, 자식의 결혼과 삶에 부모가 커다란 영향을 끼쳤음을 알 수 있다.

　그리고 결혼은 음양의 조화요, 만물의 순리요, 삶의 이치라고 여겼다. 인간은 태어나는 것이고 태어나기 위해서는 씨를 뿌려야 하는 것이며 씨뿌리기 위해서는 결혼이라는 의식절차를 거쳐야 한다고 규범으로 못 박았다.

결혼이 대를 잇기 위한 것이라는 점과 남아 선호 사상이 주였다는 현대인의 비판적 평가가 있기는 하지만 결혼이란 절차를 통해서 한 가정을 꾸미고 그 안에서 안락한 생활을 추구하는 것이 서양의 즉흥적이고 감각적인 만남과 동거형식을 취하는 가정의 형태보다 못하다는 것인지 반문하고 싶다.

그래도 아직까지는 우리 풍습이 남아 있어서 서구식 예식장에서의 결혼보다, 구식 결혼식을 재생시키고 이것을 현대화할 여러 가지 묘안이 백출하는 것은 올바른 현상이라고 생각한다. 문제는 부모님의 승낙을 받는 미풍양속의 존속이 서양인들에게도 아름다운 모습으로 인식됨을 되새기자. 이 풍습은 유교의 격식을 떠나서라도 훌륭한 우리 풍습이며 자랑거리이다.

> 결혼이란 절차를 통해서 한 가정을 꾸미고 그 안에서
> 안락한 생활을 추구하는 것인데, 서양의 즉흥적이고 감각적인
> 만남과 동거형식을 취하는 가정의 형태보다 못하다는 것인지 반문하고 싶다.

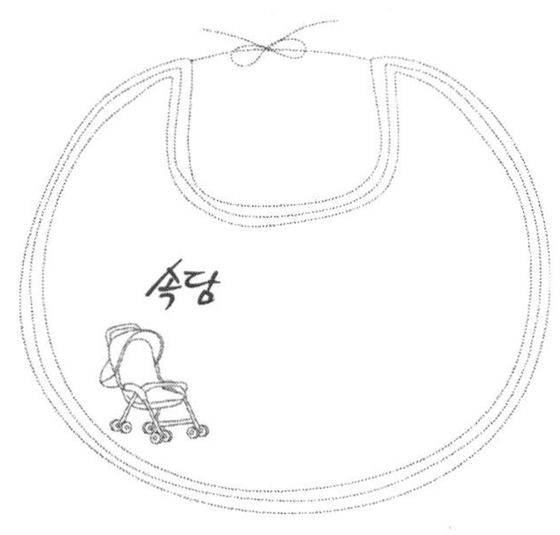

● 윤유월에 봉숭아 들이면 중풍이 사라진다

그래서 그런지 어느 해 여름에는 봉숭아꽃을 파는 여인네가 등장
했고 젊은 남녀들이 이것을 무슨 유행이라도 되는 양 꽃물을 들이다
고 야단하는 모습들이 여기저기 눈에 띄었다. 중풍이란 중년기·노년
기에 잘 오며 집안어른 중 중풍 환자가 있으면 그 집안은 쑥밭이 되
기 때문에 미리 예방하지 못한 것을 탓하는 자식들의 탄식이 그치지
않는다는 중병이다.

그렇다고 예방 방법이 있는 것도 아니요, 갑자기 찾아드는 병이라서
감당하지 못한 것을 풍자한 속담으로 익살스러운 예방 방법인 듯하다.

● 윤달에 수의를 장만하면 동태가 없다

이것도 마찬가지로 윤달엔 손(損)이 없어 사기(邪氣)가 들지 않는 달
이니 이런 달을 맞아 언제 있을지 모를 장례에 대비하고자 하는 마음
이 담겨 있다.

이것은 미리 수의를 장만하는 일이 생존하신 분을 돌아가시게 기
도 드리는 것과 같은 마음으로 잘못 해석되는 것을 방지함은 물론,

돌아가시는 날이 정해진 것이 아닌 이상 그때 어려운 지경을 겪지 않으려는 효심의 발로인데 간지(干支)로는 손 있는 날, 달, 해를 구별할 수 있고, 또 개인별 택일을 하려면 객돈이 드니 만인 평등의 무사한 달을 이용하려는 우리 특유의 풍습이며 슬기에 속한다.

● 損(손) 없는 날 이사하자

우리 풍습엔 이사를 하는 데도 손 없는 날을 택하는 지혜가 있었다.

이것을 얼마나 믿을 수 있는가, 미신이 아닌가 하는 논란이 있었으나 오랜 전통으로 아직도 알게 모르게 지켜 온 우리의 풍습이다.

어떤 이는 이것이 샤머니즘적 행위라 하기도 하지만 인간을 작은 능력자로 여기고 완전한 능력자는 조물주 또는 하나님인 것을 신봉하며, 간지(干支) 풀이로 이런 날이 나오니 같은 값이면 무사하다는 날을 택하는 것이 나쁠 게 없지 않겠느냐는 백의민족다운 평화를 사랑하는 정감 있는 백성의 풍습이라 할 수 있다.

이것이 전통인가 풍습인가 고유의 습속인가를 묻는 사람이 있으나 아무튼 과학적 분석이나 실험을 위주로 하지 않지만 절대무사·절대안전·절대건강을 바라는 여성들의 간절한 소망이었음은 의심할 여지가 없다.

그것은 이를 거역하다 화를 입은 사람들을 보았기 때문이다.

여기서도 내 가족 즉, 내 부모, 내 남편, 내 자식을 극진히 위하는 정성이 발견되고, 물질에는 그리 큰 비중을 두지 않은 점이 참으로 훌륭한 일면이라 할 수 있다.

오늘날과 같이 극도로 발달한 물질문명의 시대에서 들추어내서 자랑할 만한 일이다.

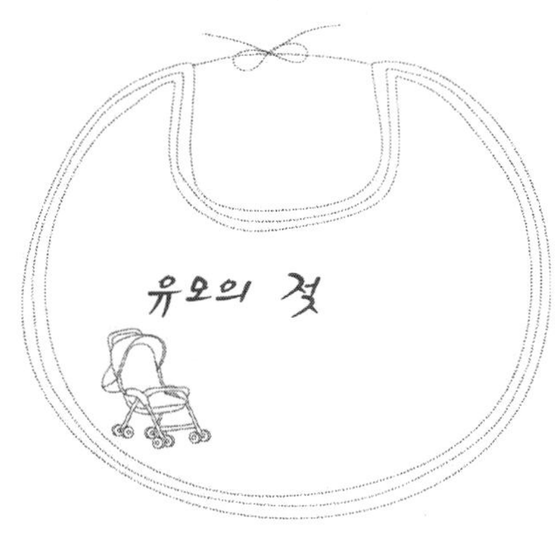

아기를 낳았으나 젖이 모자라는 집안에서는 유모를 사서 대신 젖을 먹이도록 하는 관습이 있었다.

돈이 아무리 많아도 유아에게는 모유 이상의 양식이 없으므로 자기 젖이 모자라면 가난한 집안의 젖 많은 엄마를 부잣집 아기의 유모로 삼는 것이다.

그런데 같은 유모라도 자기가 낳은 자식을 너무 염려하는 엄마의 젖은 영양가가 기대 이하로 떨어져 충분한 영향을 아이에게 줄 수 없다 한다.

양성댁이라고 불리는 어느 유모는 남편이 벌이도 신통치 않은 데다 화투판 같은 투전에서 헤어나질 못해 유모를 하면서도 불안해하고 집에 두고 온 젖먹이 아기를 항상 걱정하는 처지였다.

돈을 받고 남의 아기에게 자기 젖을 먹이기는 하였지만 자기 아기에게 젖을 물리지 못하는 안타까운 심정이 어떠했을지 짐작할 수 있다.

그러던 중에 참으로 이상한 일이 생겼다. 유모 노릇을 하며 젖을 먹인 부잣집 아기는 살이 찌질 않고, 자기 친자식은 토실토실 살이 찌는데 자신이 생각해도 모를 일이었다. 조금 남은 젖을 억지로 짜

먹이는 정도인데도 자신의 아기는 살이 포동포동 찌는 것이었다.

부잣집 아기의 할머니가 이상히 여겨 살펴보니 유모가 자기 손주에게 젖을 물리고 잠이 들었는데 그 젖에서 운기(運氣)가 퍼져 나와 얼마 안 떨어진 곳에 있는 친자식에게 가서 빈 젖꼭지를 빨고 있는 그 아기의 코를 통해 전달되더라는 것이다. 얼마나 놀라운 일인가.

돈을 주고 유모를 고용했는데 자기 손주는 멀건 국물만 빨았을 뿐 진짜 양분은 기화(氣化)하여 친자식에게로 가지 않는가?

그래서 그 할머니가 유모를 불러 놓고 은근히 그 집 형편을 물어보았더니 그 유모는 남편이 노름으로 지새는 이야기며 자신의 아기를 생각하면 늘 괴롭다는 이야기를 했다.

결국 유모의 심리적인 상태가 원인이 된 것이었다.

과학적으로는 인정될 수 없는 일이지만 이 신비한 이야기는 구전으로 전해지고 있다.

이렇듯 친모자(母子)의 관계는 뗄 수 없는 어떤 유대관계로 맺어져 있음을 알 수 있다. 그래서 이런 이야기를 아는 집안에서는 미리 상대방 형편을 파악하고 충분히 사례하며 내 친자식과 다름없는 정성으로 아기 젖을 먹이도록 부탁한다. 그리하여 훌륭한 유모는 고용과 피고용의 입장이 아니라 인연으로 맺어진 또 하나의 엄마라고 불리며, 유모가 열심히 젖을 먹여 건강하게 잘 자란 아기는 커서도 잊지 않고 다시 찾아 보답한다는 이야기도 많이 있다.

요즘은 우유가 있어 이런 일은 많이 사라졌지만 우유는 영양식일 뿐 갓 낳은 아기에게는 모유가 가장 좋은 것이 사실이다.

그래서 남편에게는 조강지처요, 아이들에게는 친엄마가 있어야 된다는 이야기가 맞는지도 모르겠다.

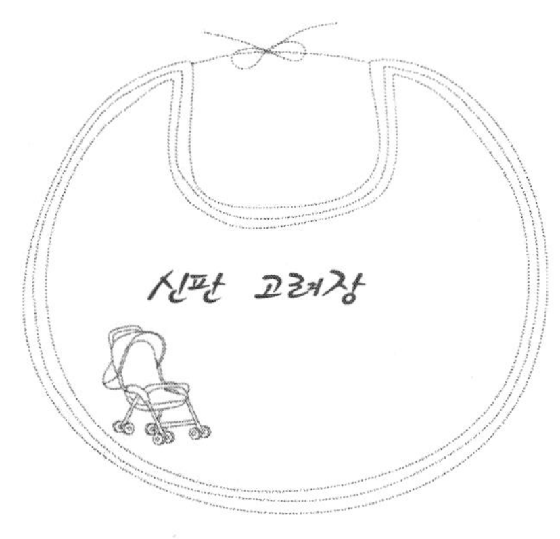

고려장이란 말을 지금의 젊은이들이 들어 보았는지 의심스럽다.

고려장은 옛날에 늙어 활동할 수 없게 된 노인은 생활의 짐이 된다 하여 자식들이 산에 버리고 오는 풍습으로 고려 때 유행했던 장례 형식(혹은 생매장)이었다.

물론 늙어서 쓸모가 없어지고 양식만 자꾸 축을 내니 가난한 집에서 자식들을 먹이기 위해서는 그럴 수밖에 없었던 것이다. 그러나 윤리적·도덕적인 면에서도 자신을 낳아 키워 준 부모를 버려 죽게 할 수는 없는 일이며 경제적으로 풍족해진 현대에는 생각해 볼 수도 없는 옛 풍습의 단면일 것이다.

이러한 고려장이 없어지게 된 일화가 있다.

어느 집에서 노인을 산에 버리고 오는데 그 손자 놈이 할아버지를 짊어지고 갔던 지게를 다시 가지고 오면서, 다음에 아빠를 또 메고 와야 할 게 아니냐고 하더라는 것이다. 그래서 이 제도의 잘못됨을 모든 이가 깊이 뉘우치게 되었고 노인을 다시 모셔 왔다고 하니 인간의 순환 법칙을 깨우치게 한 일화이다.

그런데 현대에 신판 고려장이 일부에 일고 있다니 놀라지 않을 수

없다. 노모를 양로원 앞에 놓고 도망치는 자식이 있고, 효도 관광을
시켜 드린다며 돌아올 때에 부모 몰래 도망쳐 오는 사람이 있다니 천
륜을 저버리고 하늘이 무섭지 않은지 모르겠다.

군이 인륜도덕을 들추지 않더라도 부모와 자식이란 천륜으로 맺어
진 것이며 '피'나 '정'보다도 훨씬 깊은 의미가 있다. 만 리나 떨어진
태평양 상에서 죽음을 당하는 새끼 때문에 뇌파가 흔들린 어미 거북의
텔레파시 이야기를 들어 보지 못한 사람의 소행이지 그럴 수가 없다.

모자(母子)란 피와 살이 같을 뿐 아니라 기와 맥이 통하고 온갖 궂
은일, 기쁜 일에 호흡을 같이하는 은혜의 고리임을 잊어서는 안 된다.

자신의 부모를 버리고도 제대로 제정신으로 정상적인 생활을 할 수
있을지가 의심스럽다. 세상을 살다 보면 어려움도 있고 괴로움도 있
다. 그래서 인생은 요지경이라 하지 않는가? 이러한 어려움을 이겨 내
고 괴로움을 즐거움으로 바꿀 용기와 지혜가 필요한 것이지 산 사람
을 그것도 자기 부모를 버리는 신판 고려장은 두 번 다시 있어서는 안
될 일이다. 이런 일은 인간존엄이 타락한 현상이며 인간존엄은 인간
시작을 훌륭히 하는 태교부터이기 때문에 여기서 다루어 본 것이다.

요즈음 터미널에 가 보면 의지할 곳 없고 갈 곳 없는 노인들이 많
이 버려져 있음을 볼 수 있다고 한다.

왜 댁에 가시지 않는가 하고 물으면 묵묵부답이다. 자세히 알아보
니 자식에게 주민등록증을 빼앗긴 분이었다.

돌아오지 못하도록 주민등록증까지 뺏은 그런 자식을 키웠으니 자
식의 이름을 말하기조차 창피해서 벙어리 노릇을 한다고 그 괴로운
심경을 털어놓는 것을 보니 말세라는 말을 쓰지 않더라도 세태를 짐
작할 수 있었다. 특별한 사정이 있었을 것이라고 이해하려 하지만 어

떠한 일이 있더라도 천륜을 저버리는 신판 고려장은 다시는 없도록
해야 할 것이다.

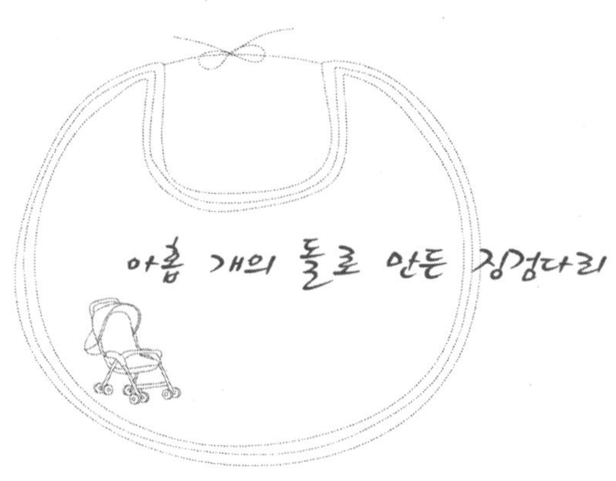

어버이날을 맞아 여러 부모가 모여 앉아 풍성한 이야기를 나누고 있다. 그러던 중 홀로 된 어머니들에게서 현 세태를 비관하며 9개의 돌로 만든 징검다리 이야기가 시작됐다.

참으로 엄마와 자식의 관계가 얼마나 소중한 것인지, 서구의 잘못된 풍조가 들어와 자기만을 아는 극도의 이기주의가 판을 치니 이것이 발전인지, 비인간적인 사회가 되는 건지 모르겠다며 말세의 이야기로 화재를 이어 갔다.

이야기의 내용은 어느 고장에 전설 어린 9개의 징검다리가 있었는데 깊지 않은 냇가여서 현재도 그대로 쓰이고 있다고 한다.

자녀 아홉을 낳고 과부가 된 어머니가 온갖 고생을 하며 품팔이로 아이들을 키우고 있었다. 하루는 장사에서 돌아오는 길에 비가 억수같이 쏟아져 개울물이 불어나자 건너기가 어려워졌다. 그러나 더 기다릴 수 없어 그냥 건너다가 발을 헛디뎌 개울물에 떠내려가고 있었다.

그때 개울을 지나던 박 서방이 과수댁을 발견하고 허겁지겁 물에 뛰어들어 실신한 그 여인을 구출하였고 자기 집으로 데리고 가서 간호를 하였다. 새벽이 밝아 와서 눈을 떠 보니 박 서방이 뜬눈으로 자기를 간호하고 있지를 않은가? 목숨을 구해 주고 젖은 옷을 말려 준 생명의 은인인 박 서방을 보는 순간 너무 고마워 오랫동안 지켜 왔던 자신을 맡기고 말았다.

그런 일이 있은 후 둘은 무척 가까워졌다. 그러나 이 당시는 과부가 재가하는 것이 큰 흉이었으므로 같이 살 수는 없었고 다만 어쩌다 시간이 허락되면 몰래 만나 밤을 지새우곤 했다. 그러나 꼬리가 길면 잡힌다는 말이 있듯이 개울을 건너느라 물에 젖어 있던 옷을 자식들의 눈에 들키고 말았다.

할 수 없이 엄마는 큰자식에게 그간의 일을 설명했다. 한참 동안 듣고 있던 자식이 엄마를 이해하고 안심시켰다는 것이다.

ㄱ 후에 9남매는 엄마가 죄의식을 갖지 않고 불편 없이 무사히 다녀오시도록 냇가에 가서 굴리기도 힘든 크고 좋은 돌을 옮겨 9개의 징검다리를 만들어 놓았다. 동네 사람들이 이 9남매의 효심을 높이 칭찬하여 소문이 자자하게 퍼졌다. 그 어머니는 지금은 고인이 되어 저세상 사람이지만 이 징검다리는 아직 남아 있다고 한다.

> 참으로 엄마와 자식의 관계가 얼마나 소중한 것인지,
>
> 서구의 잘못된 풍조가 들어와 자기만을 아는 극도의 이기주의가
>
> 판을 치니 이것이 발전인지, 비인간적인 사회가 되는 건지…….

요즈음 잘못된 엄마나 잘못된 자식을 탓하는 여러 가지 사건기사가 매스컴에 실리는 것을 보고 이런 일화가 한 토막이라도 읽힐 수

있다면 우리 사회는 보다 아름다워지지 않을까 하여 소개한다.

　이 일화를 어떻게 받아들일지는 개개인의 자유겠지만 분명 인간은
소중한 것이고, 극진한 모정과 그에 보답하는 효심은 자신들이 만드
는 것이라 본다.

제7장

태교문화 비교

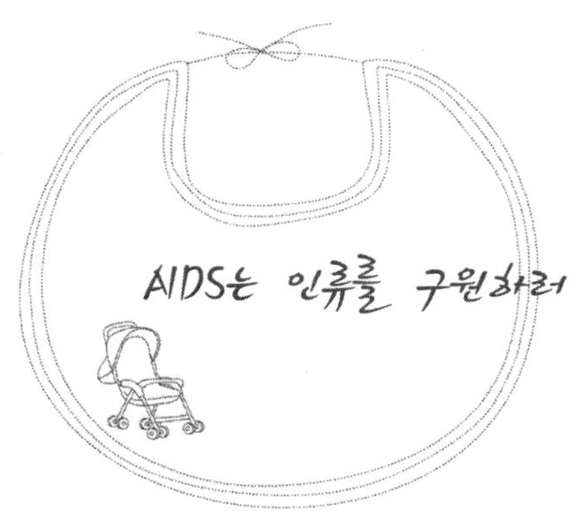

성 개방 시대 서구풍조의 성문란이 일어 AIDS라는 병이 우리를 공포의 도가니로 몰아넣었다. 세계가 떠들썩하고 모든 남녀가 AIDS 퇴치를 위하여 힘쓰고 있다. 그러나 곰곰이 생각해 보면 AIDS는 파멸 직전에서 인류를 구원하러 온 천사가 아닌가 하는 역설적인 생각이 든다. 그것은 AIDS라는 약자를 영어로 읽어 보니 그렇고 이로 인해 모두가 경각심을 일으켜 성문란을 억제하려는 노력을 보인 데서 더욱 그러하다.

영어의 단어 Aid는 돕다, 구한다는 의미를 뜻한다. 인류 역사에는 4가지 병의 환란이 있었다. 그것은 걸리기만 하면 24시간 안에 새까맣게 타서 죽게 된다는 페스트(쥐가 옮기는 병), 세계대전의 와중에서 독해진 병균이 국제성을 띠어 한번 걸리면 고치기도 힘들다는 매독, 세계가 한 가족이라면 왕래가 잦다 보니 감기균이 변형되어 생긴 콜레라, 다음으로 문화병으로 생활수준이 높아지면서 생겼다는 암, 그리고는 성문란이 성행하니 신(神)이 벌로 내렸다는 AIDS가 다섯 번째로 인류를 환란의 늪으로 빠뜨리려 하고 있다.

그러나 이 병으로 인해 현명한 인류는 잘못을 깨닫기 시작했고 세계는 성문란의 병폐를 심각하게 생각하기 시작했다.

88년 올림픽을 치르는 우리나라에도 많은 문제들이 야기될 뻔했다. '희귀동물', '멸종동물'이란 용어가 판을 치는 세태에 AIDS는 경각심을 심어 주고 있으며, 자식을 걱정하는 부모들 마음도 불안을 해소하게 됐다. 즉, AIDS는 성문란의 와중에 내려앉은 구원의 여신이며 그래서 오히려 감사하게 되고 미워지지 않게 되었다.

물론 『킨제이 보고서』는 인간의 모든 욕구를 성적 충동, 성감과 비유해 설명했다. 또 혹자는 선진국의 성 개방 풍조를 극찬하고 젊은이들의 자유로운 교제가 성생활에까지 가는 것을 마치 무슨 선진국형의 생활 패턴인 양 이야기하고, 현대인의 행위로 잘못 유도한 일도 있었다. 첨단과학 시대, 치열한 경쟁 시대, 변하는 생활양식 속에서 언제 순리를 지키느냐는 괴변을 늘어놓기도 했다.

그러나 돌이켜 생각해 보니 인류는 행복을 추구하며 고생하는데 성문란이 곧 행복이라는 등식은 전혀 논리적, 현실적, 인간적으로도 맞지 않는다. 더욱이 훌륭한 문화가 있고 전통이 있는 국민으로서 그런 늪에 빠져 울부짖는 여성들을 볼 때 성문란은 낙조되는 나라의 방종한 계층의 생활양식이며 천추의 한을 빚게 하는 매개물이었음을 간과할 수 없다.

근심과 걱정, 후회와 죄책감을 안고 하루하루를 보내야 하는 어떤 여성을 볼 때 성문란은 불행의 씨앗인 것이다. 왜 일시적 실수가 그런 짐을 지우게 한단 말인가? 쾌락도 좋고 경험도 좋지만 젊은 여성들이 몸을 쉽게 생각하고 다루어서는 안 된다. 정신적·육체적으로 많은 아픔을 갖게 되기 때문이다. 나는 태교 연구를 하며 많은 여성이 이전의 실수 때문에 고민하는 것을 보았다. 그래서 AIDS는 올 때가 돼서 온 것으로 보고 싶다. 그만큼 성생활이 문란했던 것이다.

세상이 변하고 사회규범도 많이 달라졌기 때문에 그것을 범죄인 양 꾸짖을 생각은 없다. 그러나 성문란이 그리 쉽게만 넘길 문제는 아니라는 생각이 든다.

그래서 AIDS는 어떤 나라에 만연하고 있는가를 알아보니 이 병은 성을 마치 상품인 양 생각하는 사회, 혹은 충동적 장난감인 양 생각하는 사람들이 호기심의 대상으로 또는 향락의 목적물로 삼는 사회에 만연되고 있다. 우리는 성이 오도되고 전락해서는 안 되며 이제부터라도 성은 고귀한 것, 아름다운 것, 부부화합의 촉매제로서의 역할을 하는 것으로 되새길 필요가 있다. 그래서 성을 행복의 요체로 재발견하는 계기를 마련해야 한다.

동양적 전통에서 보면 감추어진 매무새에 더욱 매력이 있다. 며칠 전 국립극장에서 한일문화교류협회 주최의 공연이 있었는데 양국 간의 전통적 시조, 무용, 아악의 옛 문화를 음미하는 기회였다. 궁중예술이라는 이 문화의 발자취에서도 나타나듯이 우리 문화에는 역시 철학이 있고, 기품이 있고, 오묘한 선율의 흐름이 있다. 의복도 수양버들처럼 흐르고, 살결이 보일 듯 말 듯한 옷매무새, 그런 우아한 곡선미 속에서 나부끼는 춤, 빠르지도 느리지도 않은 템포로 사람의 마음을 사로잡는 선율은 역시 우리 아악이 최고구나 하는 느낌을 갖게 했다.

그러나 일본 것은 우선 리듬 자체가 나막신 소리를 연상케 하는 것으로 섬나라의 단절된 흐름을 연상시켜 주며 한편으론 옛날 무사들의 놀이를 보여 주는 듯 칼과 창이 나와 섬뜩한 느낌을 주었다. 시조가락도 높고 강하여 지배를 숭상하던 민족성의 일면을 보여 주었다.

서양음악과 비교해 보니 서양음악은 웅장하고 다양한 함축성이 있고 우리 것은 단조로우나 깊이가 있어 한국 사람에겐 역시 우리 가락이 잘 맞는다는 것을 알게 되었다.

음식을 비교해 보아도 서양의 고칼로리의 좋은 영양식이 구수한 된장찌개와 다르듯 또 깔끔한 일본식 음식이 발효된 김치 맛에 비교되듯 문화도 예술도 우리에겐 우리 것이 알맞은 것임을 새삼 느끼게 해 주었다.

따라서 성풍습도 역시 마찬가지이다. 전근대적 국가로부터 현대 국가로 발전하는 과정이 짧아서 우리는 많은 것에서 외국 문물을 모방하려고 노력했다. 그러다 보니 많이 닮아 가고 있는 것을 나무랄 수는 없지만, 이제는 선진국의 문턱에서 자신을 재조명해 보고 지켜야 할 문화유산은 지키는 것이 존재적 가치라 생각된다. 성문란은 AIDS와 함께 흘려보내고 우리 고유의 풍습을 아름답게 보고 있는 세계인에게 멋있는 고유문화, 자랑할 성 풍습을 보여 주었으면 하는 바람이다.

5천 년의 역사가 진흙 속에 묻혔다가 이제 진주와 같이 영롱한 색채를 띠기 시작했다. 오랫동안의 주변국가의 침략이나 문화말살 정책으로부터 헤이니 지이를 발건하고 세게에 역사저 전통의 빛을 발산하게 된 것이다.

단군의 역사가 신화에서 조상숭배 사상으로 발전하고 조상의 맥, 민족의 시조로 받들자는 움직임이 우리를 기쁘게 하고 있다. 어느 정도 고증이 될는지는 모르나 배달민족이 활동하던 무대는 만주의 요하 지방으로부터였다는 사가들의 역사 발굴 또한 우리를 희망차게 해 준다.

그런데 이 태교란 것을 깊이 연구하면서 이것도 또한 자랑스러운 우리 문화의 중요한 부분이고 우리 민족은 일찍부터 태교를 중요시해 온 민족이요, 그 근원은 단군사상으로까지 연결할 수 있음을 발견했다.

B.C. 232년에 『태훈』이란 자료가 있었음을 지상을 통하여 이미 발표했고 단군의 인본주의 사상의 밑받침이 역시 훌륭한 인간을 탄생시키는 가르침, 제도, 혹은 관습으로 전해져 왔음을 알게 해 준다.

부족한 연구는 다른 학자들의 손으로 발전되어야겠지만 우리의 훌륭한 문화인 태교가 중국에서 전수된 것처럼 잘못 알고 있는 점은 고쳐져 가고 있음을 본다. 그것은 꼭 고증이라는 어려운 과정만을 고집할 문제가 아닌 것으로 자료가 없다고 역사 자체를 부인하는 것이 그리 현명한 일은 아니기 때문이다. 또 우리의 많은 역사 자료가 이미 불타 없어진 것도 자타가 공인하는 사실이므로 당장 고증을 고집할 필요는 없을 것이다. 가능한 대로 계속 찾아내는 도리밖에 없다고 보며 또 나타난 현상들에 대한 의미를 재음미해 보는 과정에서 어떤 사실을 발견할 수 있을 것으로 본다. 또한 지금도 외국에서 그리고 외국인의 손이나 우리의 노력으로 발굴되고 있는 유물, 자료들이 속속 들어오고 있다.

태교란 것을 깊이 연구하면서

이것도 또한 자랑스러운 우리 문화의 중요한 부분이고

우리 민족은 일찍부터 태교를 중요시해 온 민족이요,

그 근원은 단군사상으로까지 연결할 수 있음을 발견했다.

2,500년 전 춘추전국시대의 노나라 공자가 동방에 군자 나라가 있다던데 그 나라는 예의를 숭상한다며 어수선한 중국을 떠나 여생은 거기서 마치고 싶다고 했다는 말도 이젠 되새겨 볼 때가 온 것같이 느껴지며, 6·25 이후 유엔 감시위원단 대표단이며 의장을 역임한 바 있는 인도의 시인 타고르가 한 말도 생각난다. 한국을 새롭게 인식하고 한국에 희망을 주려고 우리나라를 '동방의 등불'로 표현했다는 이

야기는 자라나는 우리의 새싹들에게 들려주고 싶은 이야기임에 틀림이 없다.

그뿐 아니라 약 35년 전 영국의 미래학자 아널드 토인비는 20세기 후반의 세계의 패권은 동양권이 쥘 것이라 했다. 우리도 젊었을 때는 패권이란 말은 권력, 힘, 땅, 지하자원이나 능력 같은 군사 경제적인 힘을 의미하는 것으로만 생각한 적도 있었다. 그러나 지금의 국제화, 다양화, 다원화되어 가는 흐름 속에서 일본이 경제대국이 되어 머지 않아 재무장될 것이라고 생각해 보면 동양권에서도 일본을 지적한 말이 아닌가 싶다. 혹은 세계 제1의 인구를 자랑하는 대국 중공이 공산주의를 수정해 자본주의의 경제·자유·경쟁체제를 갖추고 수출 입국으로 발돋움하는 추세를 보았을 때는 중공이 동양의 패권을 잡을 것이 아닌가 하는 느낌이 들지만 인간을 중시하는 흐름이 일고 있는 시대로의 전환은 역시 우리 한국을 지목했는지도 모른다는 희망을 갖게 한다.

어느 역학을 하는 분의 이야기에서는 세계의 운세가 우리에게 오고 있다 하며 성 윤리, 효친사상, 인간성의 근본 바탕이 잘된 민족이라면 우리가 어느 나라에 못지않을 것이니 세계적인 추세는 자연 우리에게 쏠리지 않을 수 없을 것이라고 하던 말이 뇌리를 스친다.

우리가 서구의 많은 영향권에 있다고는 하지만 우리 문화가 남의 것보다는 우수하다는 사실에 조금의 안도감을 갖는 것이다.

얼마 전에 우리나라를 방문한 미국의 J. 모어 교수가 아직도 옛 문화 속에서 생활하는 민족이라는 말을 남겼는데 우리나라가 '아침의 나라, 고요의 나라'라고 이름 붙여진 것이 불명예스럽다고 볼 것만은 아닐 것이다. 어떤 잠재적인 힘을 가진 '시작의 나라'나 '끝의 나라'

라는 시공의 의미를 되새길 수도 있을 것이다.

　발생학을 연구하며 발견한 우리 문화는 좀 더 깊게 연구할수록 자랑하고 싶고 세계에 널리 퍼뜨리고 싶은 점들이 많음을 느꼈다.

　앞으로 이것이 비판되고 더 좋은 맥을 찾는 글이 나올 것을 바라며 우리의 5천 년 역사 속에서 빛나는 자랑스러운 일면들을 특히 태교에 관련된 부분이 잘 가꿔져 나가야 함을 강조하고 싶다.

요즘 중공에서는 인종을 개량하자는 움직임이 일어나고 있다. 양적인 인구 증가보다 질적 증가를 꾀하자는 착상인 듯하다. 이유는 중공에도 선천성 결함의 아동이 증가하는데 서기 2,000년까지는 약 2억 증가에 4%를 예상한다니 우리나라 수도 서울 인구에 육박할 것을 보면 묵과할 수 없는 난제라 보인다. 그래서 혼전 건강진단·출산 전 검진을 강화하며, 유전의 유무를 캐내고자 노력한다는데 아직 후진성을 탈피 못한 감이 든다.

그것은 실제로 나타난 선천성 결함 중 많은 부분이 유전적 결함보다는 환경의 영향에 연유하는 것을 아직 파악하지 못한 탓이라 볼 수 있다. 선천성 결함을 깊이 파고들면 선천성 심장병의 경우 유전적 원인은 16~18% 정도이며, 정박아의 경우 14%에서 10%로 내려가는 추세에 있다.

이 외의 다른 원인이 발견되는데 약 60% 내외에 속하는 부분이 환경의 영향인 것이다. 그래서 태교를 연구하는 사람들은 이 환경을 잘 조성하기 위하여 온갖 노력을 기울이고 있다.

중요한 것으로는 유전적인 것을 찾아내어 그런 아기의 출산을 억

제한 것도 있으나 실제로 확률상의 문제는 태교 쪽에 있음을 간과해
서는 안 된다.

이런 문헌이 중국에도 없을 리 없지만 현대 과학·의학의 급속한
발달과 이것을 연구한 사람들의 아집이나 과학적 임상실험의 어려움
등으로 이쪽의 문호가 개방되지 못하고 있음을 우리는 보게 된다. 과
학이 첨예화한 미국에서도 인간문제를 연구하는 유전공학·생명공
학이 발생학 쪽으로 발전하고 있는 것을 볼 때 오히려 우리나라의 전
통문화가 앞선 느낌이 들 때가 많다.

유전으로 인간을 개조해 보려는 연구는 여러 차례에 걸쳐 이루어
졌었다. 제2차 세계대전 당시 독일의 히틀러가 게르만 민족의 우수성
을 보증하기 위해 순수 게르만의 혈통 수십 명을 수용하여 정자를 받
게 했던 실험이 있었으나 실패했고, 얼마 전 미국에서도 고성능 정자
은행을 만들어 노벨상 수상자들의 우수한 정자를 받아 IQ 140이 넘는
여성의 몸에 주입시켜 천재 출산을 계획한다는 보고가 있었으나 아
직 뚜렷한 결과가 나타나고 있지 않다는 것 같다.

'삼세능문'이라 하여 세 살이 되면, 그 아이의 장래를 점칠 수 있다

는 동양철학이 있는데 이 아이들은 미국 나이로 3세가 넘었는데도 특이한 증후를 보이지 않고 있다니 언제 그 영특함이 나타날지 모를 일이다. 그런데 중공에서는 선천성 결함아를 억제하기 위한 정책을 유전 쪽에서 찾고 있다니 좀 미진한 상태의 정책이라는 생각이 든다.

하여튼 이런 연구는 이웃 나라의 연구이지만, 과연 우리는 어느 단계에까지 와 있나를 생각해 보지 않을 수 없다. 그간의 인구 억제 정책은 나름대로 성과를 거두었으나 아직도 덮어놓고 억제에만 힘쓴다면 크게 모순이 있음을 지적하지 않을 수 없다.

무조건 인구를 줄이려는 정책보다는 단 하나라도 우수한 아기를 낳도록 하기 위하여 '하나만 낳는 아기 건강하고 영특하게'라든지, '하나만 낳는 아기 우수한 아기로'라고 일서이조를 노려야 한다.

실제로 우리나라에도 선천성 결함 아동이 상당히 늘고 있음을 묵과할 수 없는 상태이다. 늦게 전에 훌륭한 우리 문화를 개발하고, 실천하는 국민이 되어 2002년 월드컵 때 우리를 자랑할 문화로 승화·발전시켜야 하지 않겠나 싶다.

즉, 수천 년을 지켜 온 인간문제를 훌륭한 발생에서부터 시작해 온 태교, 침략을 당해서 책이 불살라 없어졌어도 여성의 입을 통해 전해져 내려온 훌륭한 태교가 우리에겐 있다. 인구 억제 측면에서도 필요하며 기형아 예방책에서도 중요하고 훌륭한 2세 탄생이라는 측면에서도 태교는 발판을 굳히고 보급되어야 하며 바로 실천되도록 정책을 펴야 한다.

경제 기적을 통하여 정치의 기적을 이루려는 노력뿐만 아니라 인간의 기적도 겸하여 이루어야 한다고 강조하고 싶다.

　제2차 세계대전이 끝난 지도 어언 43년, 폐망의 아픔을 딛고 일어선 일본은 재빠르게 서구 자본주의를 도입하여 잘 소화해 상당한 성공을 거두었다.

　공산품 수출이 기계 수출로, 기자재 수출이 노하우 수출로 치닫더니 이젠 기술 수출과 자본재 수출로까지 발전하였는데 이것은 그간 외국의 노하우를 사서 자기 것으로 만드는 작업, 즉 축소화·첨단화의 꾸준한 노력이었다고 인정된다. 그것이 눈 깜짝할 사이에 선진국과 어깨를 나란히 하더니 이젠 아예 우수 선진국이 되어 감을 보고 적이 놀란다.

　이런 일본이 바야흐로 장래를 위한 포석으로 인간 창출에 눈을 떠 근본적인 교육개혁론을 대두시키고 있음에는 다시 한번 눈이 번쩍 뜨인다.

　그것은 물건을 보다 작게 만들어 내는 데 성공하고, 세계시장을 석권한 소니 회사의 명예회장인 이브카 씨의 주장이다. '0세 교육'에 도전하는 글을 써 일본 독서계에 파문을 일으킨 그는 일본이 물자 수출로 세계시장을 누비고 있으나 국제사회의 역사를 회고해 보니 개인주의가 판을 치는 사회보다는 공동의 이해 증진과 상호협력에 바탕을 둔 교류가 먼 장래를 위해 필요하며 남의 입장도 이해할 줄 아는 일본인이 되는 것이 보다 올바른 길이라 주장한다. 그러기 위해서는 종래 주장되던 3~4세 교육보다 인간이 태중에 있을 때부터 그런 인간이 되게 하는 교육, 즉 인간성을 갖게 하는 0세 교육이 바람직하다고 그는 그의 철학을 편다.

심한 경쟁사회에서 자신의 이윤 추구에만 집착한 나머지 성공은 하였으나 다른 한편으론 그런 풍조가 만연된 현실 사회의 여러 문제에 부딪쳐 생각해 보니 말세적 현상을 보는 듯하다. 이젠 미국의 실존철학이나 경영학 등은 종말을 고하고 있는 것이 아닌가 하며, 앞으로는 인정이 있고 인간성이 존중되는 사회로 복귀해야 인류가 추구하는 장래가 될 것으로 판단된다고 한다.

19세기 말 유럽을 멍들게 하고 현대 의학의 맥을 이루었다고 해도 과언이 아닌 '프로이트' 때문에 인간은 3~4세가 되어야 심성(마음)이 결정되는 것으로 이론이 전개되어 왔으나 덕을 앞세웠던 동양식 사고에서 보면 인간의 심성은 이미 어머니 배 속에 있을 때 그 어머니의 언행이나 마음가짐의 영향을 받아 결정되는 것으로 전해진다. 이 것을 아는 여성들이야말로 한 나라의 민족성(국민성)을 만드는 초석이라 믿어진다.

0세 교육이란 태아교육도 포함한다. 그것은 태아가 아무것도 모르는 상태가 아니라 태아도 능력이 있는 생명체라는 것을 인정할 때 성립한다. 이는 태아의 뇌가 성장하며 외부로부터 받은 영향이 어떻게 기록될까를 실험한 것을 보면 알게 된다.

또 출산 때도 태아가 우주인 같은 복장을 한 사람들이 지켜 서서 수술하는 것을 보았다면 느낌이 어떠했을까?

더욱이 수술을 하기 위해 마취할 때를 생각해 보자. 과연 태아가 좋아했을까?

불란서에서 실시한 원숭이의 출산을 비디오로 보았더니 산후 엄마 원숭이는 후들후들 떨면서도 새끼의 보를 거두고 젖을 빨도록 끌어안으며 무언가 소곤거렸는데 이는 탯줄을 끊기 전이며 또 체내에 있을 때와 같은 대화로 의사소통을 하는 것을 볼 수 있었다.

인도 등지에서 행해지는 자연분만을 보니 구미와는 다르게 아기 눈이 초롱초롱하고 다음 날엔 웃기도 한다. 그런데 마취로 낳은 아기는 눈이 그렇지 못한 것 같았으며 아기가 웃는 것은 뭐 '유아 미소 신드롬'이라 하든가 하여튼 병적인 현상이라 하는 말도 들었다.

적어도 지능이 최고로 발달할 때 마취로 정신을 몽롱하게 한다는 것은 좀 생각해 봐야 할 일이다. 이미 미국에선 병원 출산이 줄고 산파에게 해산을 요청하는 쪽으로 옮겨지고 있다는 것을 알아야 한다.

현대 의학이 태를 자르는 방법도 이상하며 탯줄이 왜 긴지 그 원인을 생각해 보아야 할 것이다.

그것은 엄마가 안고 젖을 먹일 수 있도록 하기 위한 것인데 먼저 잘라 버리면 이 의미는 묵살되어 버리고 만다.

우리가 모자의 관계를 보면 놀랄 일이 한두 가지가 아니다. 태아는 출산 후 젖을 먹을 때도 엄마의 컨디션에 맞춰 젖을 빤다는 것을 알아야 한다. 그래도 건강에는 이상이 없다. 그런 것을 젖이 많이 안 나온다고 해서 곧 다른 방법으로 영양분을 공급해 주어야 할 필요가 있는지는 잘 생각해 보아야 한다.

이는 지난번 멕시코 지진 때 신생아가 파괴된 건물 속에서 10일간을 굵고도 살았다는 이야기에서도 입증되지 않았는가?

태아는 태중에서 늘 엄마와 대화하고 있다.

현대 의학이 발달한 원인은 아픈 부위를 곧 발견하고 제거한다는 데에 있었다. 그러나 오히려 동양 의술과 조화를 이루며 발달했다면 더 좋았을 텐데 하고 생각되는 때가 종종 있다.

사실 현대 의학이란 인간의 심성(마음)을 어디까지 무시할 수 있는 가와의 투쟁의 역사라 해도 과언이 아닐 것이다.

또 야생동물은 원래 병이 없는 것으로 되어 있는데 의학이 발달했다는 요즈음 오히려 개가 당뇨병이나 뇌졸중을 일으켰다는 이야기도 있으니 이런 등등은 다시 생각해 봐야 할 일이라고 본다.

이런 관점에서 돌이켜 보니 앞으로의 교육은 엄마가 될 분들의 의식혁명이 절실히 요구되는 시대가 아닌가 한다. 현재까지는 당장 필요한 영재 교육의 문제 등에만 집착했으나 좀 더 안목을 넓혀 느긋하게 훌륭한 인간의 자질을 만드는 데에 눈을 돌려야 한다고 본다.

그렇다고 거기에 필요하나 알맞은 지도서가 있는 상황은 아니지만 우수한 아이를 만드는 환경조성은 엄마에게 있다. 그래서 임부는 태아에게 애정을 심는 것인데 매일 아침 불단에 합장하며 기도하는 것을 보면 형식만을 갖춘 습관의 반복이지 진실로 무엇을 기구하는 뜻 같지는 않은 아쉬움이 있다.

만약 이런 것이 태아에게 그대로 전달된다면 태아도 습관의 반복 밖에는 영향받지 않겠는가?

인간의 우뇌와 좌뇌의 역할이 다르다는 것은 널리 알려진 사실이다. 우뇌의 발달은 학교에 가기 전에 하는 것이지 학교에 가서 한다는 건 이미 늦은 생각이다. 학교에서는 좌뇌 발달로 우뇌와의 균형을 이루도록 하는 것이다. 그렇지 못한 아이가 학교에서 좌뇌 발달을 과하게 했을 땐 '이유를 많이 다는 사람'이라 불리게 되는 것이다. 때문에 우뇌 발달은 그 전에 시켜야 하며 그렇게 해서 예술성, 직관력, 판단력 등이 잘 자랄 수 있도록 통제도 해야 한다.

일본 동물원에서 있었던 이야기로 원숭이가 새끼를 내다 버린 일이 있었다. 여러 각도로 원인을 조사하고 알아보니 그 어미 원숭이는 모유를 수유한 사실이 없었음이 밝혀졌다. 이런 일은 인간에게서도 발견된다. 모유로 키우지 않은 아기에게서 문제아가 많다는 것이 통계로 나오고 있다.

엄마는 신생아가 우는 소리만 들어도 모유가 나온다든지 하는 이야기와 출산 시 진통은 느낄 때 분비되는 호르몬 등이 애정과 관계된다는 것을 알고 생명을 어떻게 다룰까에 대하여 깊이 생각해야 할 일이다.

요즘 일본은 물질은 풍족하나 감정이 메말라 가고 있는 느낌이다. 그것을 어릴 때부터, 즉 태내에 있을 때부터 잘 다루자는 의견이다.

현대식 암기 위주의 교육은 이해와는 다르다는 것과 따라서 0세부터 하는 교육개혁을 부르짖는 것이다.

이렇듯 일본에서도 인간성 문제는 논의의 대상이 되고 있고 그것을 올바로 하기 위한 방법은 태내문제와 연결된다. 그 방법이 교육의 개혁 쪽으로 전개되기는 했으나 어쨌든 그것을 담당할 사람은 어머니가 될 사람의 임무로 지적되고 있고 그 내용은 태내로부터인 것을 파헤친 좋은 글이라 여겨 소개한다.

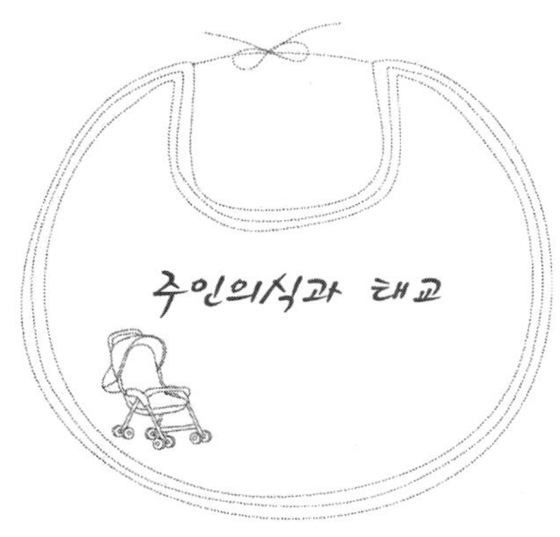

나는 누구인가, 내가 무엇 때문에 여기 존재하는가, 또 장차 나는 어떻게 될까에 대해여 생각해 볼 때가 종종 있다. 이것은 순간적인 일이요, 일시적인 일일지는 몰라도 이것이 점철되어 자아의식, 주체사상으로 변할 때 자신에 대한 주인의식은 싹튼다.

학교를 졸업하고 하나의 직업인, 직장인이 됐을 때, 나만의 세계가 아닌 공동체 속에서의 나를 발견하게 된다. 여기서, 삶을 잘 영위하지 않으면 안 될 나를 발견할 때 내가 객체인가 주체인가를 혼동하는 경우는 없어야 하며 우리가 느껴야 할 주인의식은 문명사회·선진사회에서 중요한 위치에 있음을 간과할 수 없다.

내가 나를 위해 존재하는 것처럼 직장 또한 나를 위해 있는 것이란 생각과 그렇기 때문에 나는 내 직장의 주인이란 생각이 드는 것은 당연하다. 내 직장이 나를 위해 있지 않는 한 나에게 좋은 결과를 줄 수 있는 곳이란 존재하지 않는다. 그래서 나는 주인의식을 가지고 밝은 마음, 기쁜 마음으로 일에 임하며 좋은 결과를 맺기 위하여 노력한다. 그것은 내가 할 일을 알고 있음이며 좋은 성적을 올렸을 때 맛보는 기쁨과도 상통한다. 남은 내 몸의 주인공이 될 수 없으며 나도 남이 될 수 없다. 내가 속한 곳에서는 내가 주인이며 그것은 내가 나를 위해 존재하는 것과 같다.

나는 젊은 시절에 미국 사람들과 같이 근무했었다. 그때 미국 사람들이 입버릇처럼 뇌까리는 Responsibility는 가끔 우리를 당혹하게 했다. 그것은 자신이 할 일을 다했다고 생각했을 때 흔히 그들은 남은 일을 놓고 "That is your Responsibility"라고 하여 책임한계를 긋고 논쟁을 자주 벌였다. 자기 임무가 아니면 손도 대지 않으려는 인간성에 처음에는 그 사람들이 너무 까다롭다, 혹독하다고 생각했었지만 오랜 기간 함께 생활하다 보니 그들이 선진국 국민이 된 이유를 알게 되었다.

그것이 곧 책임의식이요, 주인의식이었다. 일에는 여러 가지 성격이 있다. 어떤 것은 쉽고 깨끗하게 마무리되지만 또 어떤 것은 꼬리가 꼬리를 물 듯 끝이 없이 연속되는 일도 있다. 그럴 때 끝이 난 것이라고 어물어물한다든가 그 뒷일을 남에게 전가하는 것은 확실한 인계가 되지 않으면 사고가 날 수도 있기 때문이다.

6·25사변이 끝나고 서울에 환도했을 때의 우리나라 상황은 어수선했다. 어디서부터 책임을 지고 복구해야 할지를 분별할 수도 없고, 모호하던 일이 여러 가지 널려 있었다. 자기책임을 회피하기도 하고 남의 영역을 침범하는 일도 다반사였다. 그래서 어느 면에서는 편한 사회라고 잘못 인식됐을 때도 있었다.

그러나 이제 우리도 선진국의 문턱에 서고 보니 국제사회·다원화된 시대에 우리의 생활패턴이나 의식패턴도 선진국형의 수준으로 바뀌지 않으면 안 될 단계에 이르렀다. 여기서 우리가 찾아야 할 것이 주인의식이 아닌가 한다. 아무리 훌륭한 문화를 갖고 있다 해도 그것을 시대에 맞게 적응시키는 데 필요한 지혜 없이는 선진국이 저절로 되는 것은 아니다.

　공동체의 역할 속에서 한 개체가 아무런 책임의식도 없는 것처럼 느낄 때 그 조직은 와해되고, 각 개체가 모두 주인임을 의식할 때 그 조직은 발전을 기약한다. 누구를 위해서가 아니고 자기 자신을 위해서다. 나의 행복을 위해 그곳에 투신한 이상 그곳은 자신의 행복의 가교역할을 할 것이고, 그 보금자리를 발판으로 자신도 발전하게 될 것이다.

　내가 나를 위해 존재하듯, 내가 주인인 나의 직장은 나를 위해 존재한다는 주인의식을 가지자. 주인 된 기쁨으로 임할 때 우리가 행복해지고 풍족해질 것은 불을 보듯 환하기 때문이다.

　이런 관점에서 보면 태교도 마찬가지이다. 결혼을 하고, 부부생활을 하다 보니 생명이 생긴 것이라고 책임 없이 생각해서는 안 된다. 바로 자신이 생명이 생길 것을 미리 알고 있어야 하고, 주인의식으로 성품이 좋은 아기를 만들려고 정신적·심리적으로 안정해야 하며 건강한 신체를 위해 섭생을 조심하며, 나쁜 일은 삼가고, 영특한 아기를 만들기 위해 태중 교육도 잘해야 한다. 그래야만 귀엽고 영특하고 건강한 아기가 우리에게 안겨질 것이며 행복한 삶을 누릴 수 있다. 신비하고 오묘한 생명이 주인의식도 없는 아빠나 엄마에게서 탄생됐을 때 불행해질 수밖에 없고, 만약 잘못된다면 그 책임을 남에게 돌릴 수도 없다.

　좋은 아기를 바라며 열심히 태교를 실천하는 엄마는 매우 훌륭하다. 인생 70이 고희인데 요즘은 수명이 더 길어졌다고 한다. 이때의 280일간의 태교는 짧은 순간이다. 이 짧은 순간을 값있게 보내는 사람은 한평생이 즐거울 것이요, 그렇지 못한 사람은 눈물로 세월을 보내게 된다. 따라서 어떤 일에든 따르는 주인의식은 자신이 만드는 것, 자신이 갖는 것, 그리고 행복해지는 비결이다.

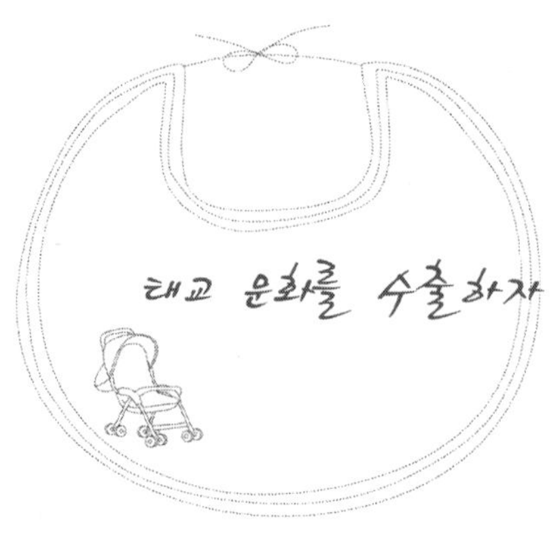

 얼마 전까지만 해도 우리나라는 국제 사회에 잘 알려지지 않았다. 외국에 예속된 나라 혹은 종속된 나라로 잘못 알려져 왔다. 그러나 공업입국의 성공, 5천 년 역사의 유물전시, 노래하는 천사들의 순회 공연, 또 중동 건설 붐, 수출품의 세계시장 진출과 15년째 계속된 기능 올림픽에서의 금메달 획득, 88올림픽 유치로써 세계인의 관심을 끌게 되었다. 그리고 86아시안 게임에서 보여 준 고유의 전통문화 등은 우리의 오랜 역사와 자긍심을 소개한 중요한 계기였었다.

 헐벗고 굶주리던 6·25의 폐허로부터 현대화로의 노력은 농어촌의 소득 증대, 또 공단에서의 공산품 생산으로 인한 국민성의 변모 등을 이루었고 이는 현대화를 성공적으로 이끄는 데 부족함이 없었다.

 이제는 고도의 정밀을 요하는 첨단 산업으로 전환하여, 그간 축적된 손재주와 두뇌의 우수성은 창조와 개발의 저력으로 선진국 대열에 서고 있다. 이는 오랫동안 지켜 온 뿌리 있는 국민, 인간성이 풍부한 국민으로서의 면모와 조화되어 백의를 숭상하던 민족의 일대 변혁을 이룬 것이라 말할 수 있다.

 이웃 일본과 같이 '경제적인 동물'이라는 평가 없이도 '한강변의

기적'을 달성한 일련의 결과는 우연히 그리고 하루아침에 이룩된 것
은 아니다.

심층 분석하면 좋은 성품인 인간의 기질이 저변에 깔려 있고 또 오
랜 전통 속에 있는 민족의 슬기가 때를 이룬 것이다. 지난 수세기에
걸친 영토전쟁이 경제적 경쟁시대로 탈바꿈한 데도 연유하며 세계의
조류가 그렇게 바뀌고 있음도 부인하지 못한다.

많은 외채와 원자재의 궁핍 속에서도 생활의 풍요를 기대하며 바
삐 뛰는 우리는 인플레를 디플레로, 적자 수출을 흑자로 전환시키며
고도산업 사회로의 진입을 목전에 두고 온갖 지혜 창출에 여념이 없
다. 책임의식을 생활화하며 국제행사, 올림픽도 차질 없이 진행할 만
만의 준비가 갖춰져 기고 있다.

우리는 훌륭한 문화유산을 가지고 있다.

그중에는 생명을 중시하는 문화,

인간성을 중요시하며 이것을 발생부터 조심하여 잘못되지 않도록

가르치던 문화가 많은 부분을 차지하고 있다.

그런데도 여기 빼놓지 못할 중요한 것이 문화 창달이라는 일면이
다. 인간 사회란 아무리 물질이 풍족하다 해도 문화발전이 못 미치면
절름발이 발전이요, 사상누각과 같다는 역사적 교훈은 익히 배운 바
요, 인간이 물질에 지배를 받게 될 금전만능·물질만능은 바로 이런
오류를 범하는 데서 발생한다는 것을 빼놓을 수 없다.

우리는 훌륭한 문화유산을 가지고 있다. 아무리 첨단 과학의 시대라 해도 우리들의 옛 문화는 매우 자랑할 만한 것이다. 그중에는 생명을 중시하는 문화, 인간성을 중요시하며 이것을 발생부터 조심하여 잘못되지 않도록 가르치던 문화가 많은 부분을 차지하고 있다.

이것이 고증되는 과정에서 중국의 영향을 받았다느니 우리 것은 고증할 자료가 없다느니 하는 반론도 제기되지만 외침으로 불살라진 우리의 자료들이 흔적이나마 발견되고 유물, 유적이 재발굴되는 상황에서 판독·비교된 우리 문화는 후에라도 보다 확실하게 밝혀지기를 기대한다. 그리고 요즘에는 외국으로 건너간 유물들이 속속 돌아오고 있으며 어떤 것은 외국 학자에 의해 혹은 외국에서 연구하는 우리 학자들의 손으로 밝혀지고 재조명되고 있다.

문제는 이제부터라도 전래된 우리 문화를 어떻게 현대에 맞게 적용시킬 것인가. 또한 어느 정도의 비중으로 발굴에 노력할 것이냐 하는 것이다. 또 발굴된 자료는 계속 발표하므로 체계화하는 데 도움이 되어야 할 것이다.

그중에서도 특히 인간을 근본으로 했던 우리 문화, 인간화에 역점을 두었던 우리 문화는 발생부터 품안의 정에 이르기까지가 다시 조명되는 훌륭한 문화로 20세기 말 세계가 지향하는 인간화의 물결에 부합되는 우리 조상의 값진 유산이라 할 수 있다.

이것은 선견의 지혜가 함축된 문화인으로서의 큰 안목이며 미래를 확실히 보았던 민족이라는 의미 부여에 주저함이 없다.

그것은 미국에서 새로운 사상적 조류로 각광을 받고 있다는 '현대 물리학과 동양사상'이나 '새로운 과학과 문명의 전환'에서도 알 수 있듯이 세계는 바야흐로 인간 본연의 자세를 희구하고 '어머니의 품'과 같은 포근한 곳을 그리고 인간화로의 갈망이 싹트고 있음을 볼 수 있다.

일본은 벌써 물자 수출로부터 문명의 수출을 꿈꾸며 기업의 경영 시스템도 기능 위주에서 인간 위주인 인본주의로 방향 전환을 하고 있다. 이것은 인간을 정보적 존재로서 파악하는 일련의 움직임으로서 미래 지향적 변모로 시들지 않는 경제대국의 기틀을 다지려는 거시안적 계획이라 말한다. 새로운 세계 질서 속에 회귀하는 인본주의적 개념은 장차 몰락을 예방하고 현 토대를 꾸준히 발전시킬 신사조(新思潮)의 핵이라 풀이한다.

이렇듯 국제화, 선진화로의 추세는 본질적으로 인간화에 있음을 제시하고 또 새로운 창조가 뒷받침될 것을 요구한다.

우리 국민은 에초부터 그런 품성으로 형성되어 내려왔으며 이제 세계인의 이목이 우리나라로 쏠리며 많은 관심을 가질 때다. '은둔의 나라', '동방의 등불'이란 의미를 되살려 우리도 전통문화를 수출할 수 있어야 한다. 이로 인하여 수출품도 다양해지려니와 수출도 쉬워지고 값도 잘 받게 될 것이고 우수한 민족으로서의 존경을 받으며 서로의 대화 통로도 넓어질 것이다.

한동안 엽전이라고 자신을 비하하고 학대했던 지난날의 역사를 말끔히 씻고 본래의 우리 모습으로 되돌아가 자긍심을 가진 국민이 되자.

이제 바야흐로 세계의 기운이 동양으로 오고 있다. 21세기의 패권이 동양으로 온다는 예언 속에 미래의 힘은 금력이나 전투력보다 정신력이며, 우수한 인간성의 문화 수출이 관건이라는 흐름을 잘 새겨 해외로 진출하는 계기를 만들자.

머지않은 장래에 인간 위주, 인간을 중히 여기는 시대로의 복귀는 실현될 것이다. 그중에서도 인간존중을 근본사상으로 했던 우리 문화는 이제 빛을 발하게 될 것이며 새 문명의 창조까지는 몰라도 지녔던 문화의 재발굴은 그리 어려운 일이 아닐 것이다.

이미 과학 한국을 위한 '기술 드라이브'도 상당한 투자가 이루어져서 개인용 컴퓨터는 미국 다음으로 수출 2위로 부상했고 1980년대 초부터 축적된 과학기술 인력은 2.7배로 늘어 2천 년대는 기술 선진국 10위권에 돌입한다고 하니 이제부터라도 문화수출을 위한 기반을 다져야 하지 않을까 한다.

풍요를 향한 거국체제는 양자가 공히 발전하는 데서 얻어질 수 있기 때문이다. 훌륭한 인본주의의 단군 이념이 꽃피워질 날은 머지않은 것 같으며 인간을 위주로 한 태교 문화는 세계에 내놓을 만한 자랑거리로 느껴지며 이를 잘 가다듬어야 할 것으로 여긴다.

제8장

자료편

우리나라엔 예로부터 임신 중에 태아의 성을 전환시킬 수 있다고 전해져 왔다.

임신 3개월까지를 시태(始胎)라 하는네 이때는 혈맥이 흐르시 않고 형이 상(象)하여 변하기 때문에 남녀의 성별이 결정되지 않은 상태에서 특별한 음식을 먹거나 약을 복용하거나 방술(方術)을 쓰면 태아의 성은 전환될 수 있다는 것이다. 그러나 그 방법이 구시대적이요, 비과학적인 표현이어서 믿기 어려운 것으로 생각되나 실험적·실증적인 일면도 있어 여기 소개하고 검토해 보도록 하겠다.

남태(男胎)를 원하는 사람은,

① 임부가 모르게 도끼를 임부의 침상 밑에 매달아 두면 된다.

② 수탉의 긴 꼬리나 남편의 손톱, 발톱, 머리카락이나 활줄 등을 비단주머니에 넣어 임부가 왼쪽 허리에 찬다.

③ 석웅황(石雄黃)을 왼쪽 허리에 찬다.

④ 붉은 수탉을 매달아 죽여서 머리 볏까지(털, 발, 내장만 빼고) 푹 고아서 혼자 먹는다.

앞의 몇 가지 방법이 중국의 부인방이나 우리나라 빙허각 이씨의『규합총서』에 보면 나온다. 여기엔 이것을 입증하는 한 가지 예로서 닭이 알을 품을 때 도끼를 둥우리 밑에 달아 놓으면 모두 수평아리가 되는 것을 동물 실험으로 증험했다. 그런데 현대 의학에서는 정자와 난자가 짝지어질 때 수정란은 23쌍의 염색체로 XX나 XY로 성이 결정되어지는데 이것을 전환시킨다는 것은 난센스라고 생각했었다. 또 정해진 성별을 주술적으로 바꾼다면 아무도 믿을 사람이 없을 것이다.

그러나 요사이 미국 MIT 생물학 연구소와 캐나다의 컬럼비아 대학교, 핀란드의 헬싱키 대학교의 국제공동 연구팀의 '성 결정 유전자의 TDF 발견'에서는 수정란이 자란 후에 남자·여자의 성별을 결정해 주는 '단일 유전자'는 염색체 속에 따로 있음을 밝혀냈고 이는 세포 분화 과정에서 다른 유전자들의 활동을 조절하는 스위치 역학도 하는 것을 알아냈다고 발표하여 흥미를 끈다.

이 과학자들에 의하면 성을 결정하는 단일 유전자를 고환결정 인자라는 의미로 TDF라 이름 짓고 TDF의 발전이 하나의 작은 수정란에서 인간으로 성장해 가는 복잡한 과정을 이해하기에 이르렀다고 한다. 문제도 해결하는 데 도움이 될 수 있을 것으로 보고 있다고 전한다.

현재까지 의학에서는 사람의 성은 X나 Y의 염색체에 의해 결정되는 것으로 말해 왔다. 또 그것은 사실이다. 그러나 성별이 결정지어진 것이 아니라 환경에 의해 변화된다고 볼 때 우리나라 전통 태교에서 말하는 성전환법은 허구가 아닌 실제의 경험철학이나 한의학의 선구적 의미가 부여된다. 따라서 문제는 성을 전환시키는 방법론에 있음을 알았다.

그래서 필자는 예전부터 지켜 왔던 여러 가지 방법을 현대적 의미로 분석, 검토하여 이것을 정신적, 심리적 영향이라는 측면과 신체의 음양학적 관점, 또는 섭취하는 음식물의 성질(산성이냐, 알칼리성이냐 하는 것)이 체질변화에 미치는 영향 등으로 구분하고 그의 타당한 가능성을 찾아보았다. 이는 요즈음 일부에서 연구된 '아들을 낳고자 하는 사람은 자신의 체질을 알칼리성으로 변화시킬 수 있는 음식을 섭취하라'는 이론과 무관하지 않다. 그리고 임부의 침상 밑에 넣은 (매단) 도끼는 자력과 관계 지어져 연구되고 다양하게 분석된다. 조사해 보니 우선 도끼란 한자로 부(斧)라 쓰는데 아비 부 밑에 무게 근 자를 합하여 도끼부가 된다. '아비의 무게' 혹은 '아비는 근수가 나가야 되는 것' 등으로 풀이되나 성질상으로 강한 것이다. 같은 쇠붙이 중에서도 깅쇠에 속하며 강은 음양학에서는 앙(陽)으로 풀이된다. 양의 기운은 남성이니 남성의 기운을 계속 태내에 보낸다는 것은 성을 결정하기 전의 XY나 XX의 단일 유전자를 남성 쪽으로 기울게 유도하는 역할 또는 결정지어 주는 영향을 하는 것이 아닌가 한다.

이것은 우리의 병을 치료해 주는 약의 역할과도 일맥상통한다. 현대의 약제는 병균을 직접 박멸하는 약도 있지만 예전의 한약은 병이 발병한 약한 부위(기관)의 힘을 보강해 줌으로써 각 기능이 정상화되게 하며 자연스럽게 건강이 회복된다는 간접적 치료였다. 다시 말하면 기운을 상승시키는 데 필요한 효험이었음을 생각할 때 직접효과나 간접영향 중에서 이 방법은 후자의 의미로 해석된다.

또 도끼에서 자력이 발생하는지 자력치가 얼마인지에 관해선 확실치 않지만 자력이 강한 쇠에서 발생한다는 사실은 이미 알려져 있다. 음극과 양극이 같이 있는 지남철(자석)은 아닐지라도 만약 자력이 발생한다면 그것은 분명 강으로 양극일 것이며 남성이 되게 하는 간접

영향은 가능한 것으로 보인다.

인간의 몸에도 자장이 있다. 이 자장이 균형을 잃으면 병이 될 수 있고, 잘 조화하면 건강(신진대사)에 유익하다는 자기(滋氣)치료 방법도 있다.

자력이 인체 내에 미치는 영향에 관하여 연구한 학자들에 의하면 지구에는 중력(重力)과 자기(磁氣)의 물리현상이 존재한다.

어떤 면에서는 지구 그 자체가 거대한 자력체이며 그 주위는 어디에나 자력이 영향하고 동식물도 그 속에서 생존을 영위한다. 인간도 자력 위에서 태어나며 자력의 영향하에서 성장, 발육하고 생활하는 생명체라 할 때 자력은 공기, 물, 햇빛과 같이 우리에겐 필수불가결의 요소라 인식되며 자기(磁氣)의 변화가 생체에 어떤 영향을 미치는가에 대하여는 관심의 대상으로 연구되고 있다.

현대 한의학은 성인의 건강을 위해 자력선과 치료하는 입장에서 인체에 부족한 자력을 침투시키므로 인체는 전자를 유도하여 새로운 기전력을 발생시킨다. 이때 혈액 중의 음이온(ion)을 증가시켜 자율신경기능이 활성화하며 혈액순환을 촉진시키고 자기 결핍 증후군의 치료를 할 수 있다고 설명한다.

그간 1,000명 이상의 임상치료로 유명해진 일본의 생체자기 학자 中川 박사는 자장을 인체에 작용시켰을 때 물리적·화학적 현상이 일어나 혈액 속의 ―, + 이온의 균형을 유지시키는 데 좋은 성과를 거두었다. 이는 인체에 전압을 발생시킬 때 혈액 중의 전해질 해리현상이 일어나 자율신경 활동을 촉진시켜 신체가 불건강한 사람의 자기 결핍을 치료한 것이라 말하고 있다.

또 일본의 과학기술청 의학전문가 127명이 자기 연구를 하며 예측한 조사에 의하면 앞으로 10년 이내에는 자장치료장치(磁場治療裝置)의 개발로 종양부위만을 파괴하는 법, 소화기 질환의 간편한 치료, 혈류의 장애를 해소해 주고 동맥경화를 치료할 수 있는 생체전지도 나오고 뇌신경 계통의 마비현상을 회복시키는 장비도 개발되며 성인의 T세포 발생 원인이 규명되어 백혈병의 효과적인 예방법 등이 가능해진다고 한다.

그러나 우리나라에도 일찍부터 자력이 인체에 미치는 영향에 관해선 연구가 되고 있다. 자석으로 위(胃)치료, 동맥경화 예방, 관절 치료 등 다양하게 음양오행설 이론으로 양극, 음극을 따로 인체의 흐름과 비교하여 상생, 상극의 묘리에 의거, 치료와 예방을 하고 있다.

또 진동자로 남태, 여태를 판별하는 방법도 있다.

한편에서는 '자기공명 영상장치'라는 첨단의 의료기기가 개발되어 서울대 병원에서는 개가를 올리고 있다. 이것은 20세기 후반을 장식할 첨단의 의료기기이며 미국이 소유하고 있는 것보다 성능이 0.5테슬라가 강한 MRI 장치이며, 종전 것의 15배에 달하는 우수한 성능으로 강력한 자장을 걸어 인체세포들이 공명하는 반응을 컴퓨터로 영상화하는 장치라 한다. 또 X선이나 CT로는 불가능했던 질병은 물론 신진대사 물질의 체내활동 정보까지를 영상화시켜 준다는 특징을 갖고 있다.

이렇듯 자기나 자장을 이용하면 인체의 흐름, 고장 등의 발견됨은 물론 어떤 영향까지 끼치게 됨을 본다.

이러한 관점에서도 자기는 인체 정상화에 관계있음을 알 수 있고, 외부의 자력 침투는 태중의 인체 변화에도 영향함을 보여 준 예라 할 수 있다.

수탉의 긴 꼬리는 직접 관계가 없을지라도 꼬리란 동물에 있어서 힘의 상징 혹은 힘이 결집하는 곳이다. 그렇다면 꼬리는 힘이며, 강이며 양에 속한다.

어느 시골 목동이 소를 끌고 풀을 먹이러 산에 올라갔다가 범을 만났다. 매섭게 달려드는 범과 소가 싸우게 되었는데 범은 흔들리는 소의 꼬리를 물려고 이리저리 뛰었고, 소는 뿔로 범을 받으려 하였으나 범이 소꼬리 쪽으로만 향하니 안타까웠다. 이를 지켜보던 목동은 소꼬리가 장애요인이라고 착각하고 가지고 있던 낫으로 소꼬리를 잘라주었다. 그랬더니 난데없이 범이 달려들어 소의 목덜미를 물어 소는 그만 죽고 말았다는 이야기에서도 입증하듯 동물의 꼬리는 힘의 결집 혹은 힘의 상징으로 평가된다. 이렇듯 꼬리 달린 짐승들을 자세히 관찰하면 역시 힘이 센 동물은 꼬리가 힘 있게 생겼다. 남아를 수태하려고 사용했던 수탉의 꼬리도 이런 의미가 내포되어 있는 것이나 아닌지 모르겠다.

또 남편의 손톱, 발톱에 관해서 살펴보면 예부터 우리 조상들은 '신체발부는 수지부모'라 하여 신체를 중히 여겼다. 이것은 머리털과 같이 신체의 말초적 피부각질로 늙을 때까지 자라며 신체를 상징하는 몸의 끝부분인 기가 발산하는(오로라 현상) 곳이다.

옛날에는 군대에 입영하거나 다시 돌아오지 못할 곳으로 떠나는 사람은 이것들을 잘라 놓고 떠났으며, 이는 썩지 않고 변하지도 않아서 끝까지 몸의 일부를 대신하다가 사망 소식은 분명하나 유골이 없을 때는 이것으로 장례를 지냈다. 이것은 심령학에도 나온다.

그러나 이런 관례는 남자에게만 있었지 여성에게는 없는 관습으로 남성의 상징인 남성의 기운을 대표하던 신체의 일부분을 통해서 양이 되기를 기원했는지도 모르겠다. 그렇다면 그 의미를 일부는 이해된다. 외국의 '삼손과 데릴라'를 보면 삼손은 머리카락에 비력(괴력)이 있어서 머리카락을 자르니 힘을 못 쓰게 되었다고 하며, 우리나라의 도를 닦는 분들이 머리카락을 아주 안 자르는 일, 외국에서도 손톱을 무한히 기르는 사람이 있는데 이것도 어떤 연관이 있을 법도 하다.

활줄도 역시 하나의 끈이 아니다. 화살을 튕겨 나가게 하는 힘의 원동력이며, 활이 예전엔 무기로 사용되었다. 무기는 남성 전용이었고 활을 당길 때는 활줄에 남성의 온 힘이 모아진다. 또 활시위를 당겼다 놓았다 할 때 남성의 기운 혹은 진이 묻는다고 해서 이를 남태를 갖고자 할 때 사용한 듯싶다. 더욱이 활줄은 닥나무 껍질로 만든 것이며 매우 강하다. 강한 것은 남성이라고 볼 때 활줄 역시 남성의 기운의 상징임을 연상시켜 준다.

여기서 김삿갓의 풍자 일화 한 토막을 소개하면 어느 고을에서 상사병으로 앓고 있는 노처녀의 병을 고치는 데 머슴들 사랑방에 있는 장기짝으로 끓인 물을 마시게 하였다. 그래서 병이 나았는데 꾀죄죄하게 묻은 때가 남성의 진이라 볼 때 이것이 결혼을 못하여 병이 난 여성을 구했다는 이야기는 김삿갓의 해학이요, 재치지만 성전환의 태교와 맥이 통하는 방술이라 생각된다.

또 붉은 수탉은 왜 이용되었을까를 보니 예부터 닭이 몸보신에 좋다는 것은 다 아는 사실이다. 붉은 수탉의 털, 내장, 발목은 땅에 파묻고, 목을 베지 말고 매달아 죽이되 볏까지 몽땅 고아서 혼자 먹도록 했는데 그 이유는 무엇인지 알아보자.

첫째, 붉은 수탉의 붉다는 의미는 음양학에서는 양이 되며, 붉은 수탉은 크고 힘이 센 닭으로 성별로는 남성이다.

둘째로 털, 내장, 발목을 파묻는다는 의미는 새 밥이 되게 하지 말라는 뜻도 있지만, 그것보다는 부정을 탄다, 나눠 먹으면 효험이 줄어든다는 뜻이 더 짙은 것으로 풀이된다.

셋째, 매달아 죽인다는 말은 목을 벨 때의 징그럽고 섬뜩한 느낌이 안 생기게 한다는 면과 피에 기운이 빠지기 때문이다. 또 모두 고아서 닭 벗의 정기까지도 흡수한다는 의미로 해석된다. 실제로 수탉이 싸울 때 보면 볏이 붉어지고 솟는 것을 볼 수 있다.

넷째, 혼자 먹도록 하는 이유는 전술한 대로 효험이 반감되기 때문으로 해석된다.

이렇게 볼 때 붉은 수탉을 고아 먹는다는 것은 보약의 의미뿐만 아니라 남성의 기운을 흠뻑 취한다는 뜻이 성립된다. 또한 부정하거나 기운이 새지 않도록 주의 준 것을 알 수 있다. 이것이 바로 바라는 아기(아들)를 얻기 위한 정성이며 의지의 표현인 것이다.

석웅황(石雄黃)은 유황성의 돌인데 돌에도 남녀의 성이 있다. 석웅황은 남성의 성질을 가진 돌가루 혹은 돌덩어리이다. 이것은 한약제의 일부로 양기 부족으로 양기를 취해야 하는 사람의 약으로 쓰인다.

그래서 남태를 원하는 초기의 임부에게는 석웅황을 권하기도 한다. 이것을 주머니에 넣어 왼쪽 허리에 찬다는 말은 인체에서는 왼쪽이 양이기 때문이다. 또 이렇게 해서 스며든 양기는 태아를 남성 쪽으로 기울게 한다고 지적하고 있다.

이상에서 성전환의 가능성 몇 가지를 경험철학이나 한의학 쪽에서 검토했다.

그런데 또 음양학에서는 태초에 인간이 가진 성은 유양유음(有陽有陰)이라 하여 남자가 될 수도 여자가 되는 성질도 갖추었다고 표현한다.

그리고 한의학『동의보감』에서는 '양성 즉 위남이요, 음성 즉 위녀요(陽盛則爲南이요 陰盛則爲女)'라고 양이 성하면 남아가 될 것이요, 음이 성하면 여아가 된다고 했으며 또 다른 책에서는 '양선 음선(陽先陰先)'이라 하여 양기가 앞서면 남이요, 음기가 앞서면 여아라고 했다.

모두 양기 혹은 남성의 기운이 기우는 것을 의미했으며 남태를 하기 위해 양기는 반드시 필요한 것임을 알게 해 준다.

이상에서 전통 태교가 지적하고 있는 성전환법은 거의가 여태를 남태(男胎)로 바꾸거나, 혹은 부계사회의 대를 잇기 위한 남아출산 절대명제에서 나온 방법이지만, 이것은 태아의 성을 태중에서 결정시킬 수 있다는 확신(경험)을 던져 주었다는 데 큰 의미가 있다. 이와 같은 사실은 '성 결정 유전자'의 변화 가능성과는 직간접으로 연결되며 이것을 우리 조상들은 일찍부터 파악하고 있었다는 데 이론(異論)의 여지가 없다.

이렇게 볼 때 현대 의학이 성전환을 터무니없는 이야기로 보거나 태아의 성별은 원래 구분 지어져 있다고 하는 학설에 의구심을 갖게 된다. 이번에 새로 밝혀진 '유전자 TDF'의 발견은 획기적이며 이후 계속될 '인간성장 비밀연구'에 큰 관심을 기울이게 되는 것이다.

현대 사회에서 더욱이 인구 억제의 가족계획 시대에 필요 없는 것이라고 일축할지 모르겠으나 생명의 기원을 연구하며 문화의 발굴이라는 입장에서 아무리 첨단과학 시대라 해도 아들딸 마음대로 낳을 수 있다면 필요한 사람에게는 복음이 될 수도 있다고 느껴지므로 적어 본 것이다.

또한 첨가할 재미있는 동물 이야기로 악어, 도마뱀, 거북이 등은 부화할 때 주위의 온도나 그 고장 기후 풍토에 따라서 성(性)이 결정된다고 한다. 미국 플로리다 대학교의 수의학 교수인 홀 카데일락이 많은 실험을 통해 밝힌 것을 보니 악어는 거의 전부가 그리고 도마뱀과 거북이는 그의 일부가 부화기의 온도에 따라 성이 결정된다는 것이 밝혀졌다. 그러나 그것은 여러 가지의 다산성 동물의 경우이고 일란성의 경우는 구별할 수가 없었다고 한다.

수정난이 자궁벽에 착상하여 세포분열을 하기 시작하여,

14일경(2주일)부터―벌써 심장이 형성되기 시작하며,

15일경(2주일) 후부터―척추 신경 계통이 형성되기 시작하고,

20일경(3주일)부터―손발이 생기기 시작하며,

그 외에도 심·폐·비·간·신·이 또 이목구비가 20~25일 사이에 또는 그 얼마 후에 곧장 발생을 시작한다.

그래서 일반적으로 임신을 알게 된 2개월, 3개월설이며 임신 초기가 중요하다는 것을 3개월로 잡으면 이미 늦다. 그간에도 잘못될 수 있는 시기가 꽤 있기 때문에 현대에는 '초기의 초기'부터 조심하여야 한다.

임신이 가능한 부부생활은 속히 체크하여 임신 여부를 감지하는 지혜가 있어야 한다.

옛날과 같이 2개월이 되어 임신을 알았다든가 뒤늦게 3개월이 되어 겨우 임신을 확인했다는 식의 생활방식은 시대에 맞지 않는다. 왜냐하면 많은 기형아의 원인이 이때에 가능한 것은 임신을 하고도 모르고 있는 사이에 복용한 약물, 정신적·심리적 또는 바쁜 시대의 활동, 언행과 관계가 있기 때문이다.

그래서 그간 발표된 과학 논문에서 나온 태아의 발달과정 중 특성적인 것만을 골라 쉽게 검토하기로 한다.

- 이미 3개월이 넘으면 뇌파의 움직임이 보인다는 보고가 있다.
- 3~4개월이 되면 차거나 더운 것을 느끼고,
- 4~5개월이 되면 마르고 쇠한 것을 알고,
- 5개월이 되면 이미 맛을 볼 줄 알게 된다 하며,
- 5~6개월에는 보고, 듣고 감각이 발달하며,
- 6개월부터는 엄마가 듣는 음악에 귀 기울여 움직임.
- 6~7개월부터는 아픈 것, 따가운 것을 느끼며,
- 7개월부터는 기억할 수 있는 능력이 생기니 두뇌활동에 좋다.
- 7~8개월부터는 벌써 냄새를 맡을 수 있다.
- 8개월부터는 완전한 형성을 위하여 하나씩 보완한다.
- 9개월부터는 갖출 것은 다 갖추고 운동 시작.

이상과 같이 과학에서의 월별 발달을 지적했다. 그렇다고 그렇게만 되는 것이 아니고 특이한 것을 골라 본 것이다. 그러므로 참고하는 지혜, 이해 능력도 중요하다.

하여튼 태아는 형성되어 가는 인간이라는 점에 유의하여야 하며 엄마의 섭생, 언행, 사색이 그대로 영향하여 만들어지는 것이니 어떤 영향을 줄 것인가는 모두가 임신부의 권한에 속한다.

우리 전통 태교에 보면, 3개월이 되면 태아의 기품이 생기니 주옥(珠玉), 종고, 명향(名香)을 가까이 하며 몸에 지니거나 올려놓고 보거나 냄새 맡거나 음미하라 하였고 6개월이 되면 태아의 심성(心性)이 생기니 고운 말 하고, 고운 말 듣고, 성현의 글을 읽고, 좋은 시를 읊거나, 붓글씨를 쓰고, 품격 높은 음악을 들으며, 소나무에 스치는 바람소리를 듣고, 난초, 매화의 은은한 향기를 맡으라 했다. 앞으로 도표를 참고하여 숙지하기 바란다.

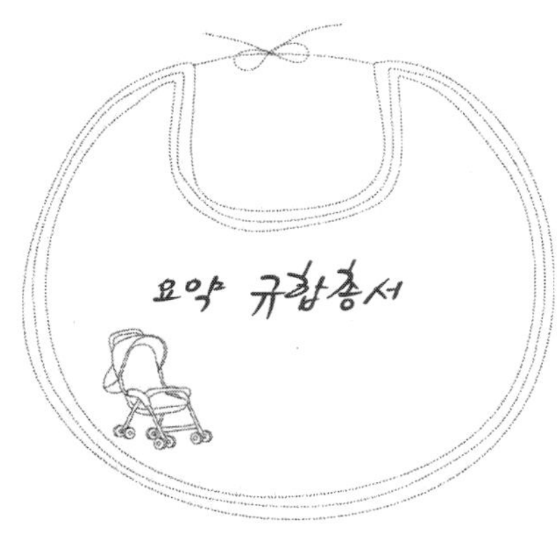

청낭결

· 태교

임부 태교를 열심히 하면 아기 낳으매 모습이 단정하고 재주가 남
보다 뛰어나다.

· 태중 장리법

옷을 얇게, 밥은 부족하게, 술은 안 되고 망령되게 약 쓰지 말고, 무
거운 짐, 높은 데, 과로, 성내는 것, 애태움을 피하며, 많이 자거나 눕
거나 말며, 달이 차서는 머리 감지 말라.

· 음식 금기

말고기-난산, 개고기-무성, 토끼-언청이, 비늘 없는 물고기-난
산, 방계-횡산, 양의 간-액, 닭고기와 찹쌀-촌백충, 엿기름-낙태,
새고기-음란, 자라-목 움츠림, 생강순-가락, 오리고 기와 오디-도
산(倒産) · 승산, 메기-감식창, 산양-많은 병, 비듬-낙태, 버섯-경풍.

· 약물 금기

부자, 사향, 옥단피, 계피, 우황, 금박, 오두, 반묘, 파두, 웅황, 망초.

· 태살 금기

비록 이웃에서 달구고 고칠지라도 임부가 피해야 할 것은 칼에 어긋나면 형체가 상하고, 흙 판에 어긋나면 구멍이 막히고 매질한 자는 빛이 푸르고, 동여맨 자는 오그라들거나 이지러지고 훼파구색하여 요절할 수 있으니 조심하라.

· 성전환법(女爲男)
　－도끼를 침상 아래 넣어 두면 남태가 된다.
　－석웅황을 주머니에 차면 남태가 된다.
　－원추리 꽃술을 왼편 머리에 꽂으면 남태가 된다.
　－활시위를 허리에 차면 남태가 된다.
　－아비 머리카락, 손톱, 발톱을 침상 아래 몸 닿는 데 놓으면 남태가 된다.
　－수탉의 긴 꼬리를 침상 아래 두면 남태가 된다.

· 달생편(해산)
난산-부귀하며 편한 사람이 많다.
순산-임부가 몸을 놀려야 쉽다.

· 동자 장수경: 短命多病 이유
　1. 父母 非時行 於房室

2. 初産冷血

3. 배꼽 불결(균 침입)

4. 胎中血 잘 씻기지 못해

5. 殺生肉食宴 좋아해서

6. 雜生肉食宴 冷菜食

7. 雜肉食

8. 母子未分 상태의 不洋事 보임

· 육아법 10가지

1. 등을 따뜻하게

2. 배를 따뜻하게

3. 발을 따뜻하게

4. 머리를 차게

5. 가슴을 서늘하게

6. 괴이한 것 보이지 말고

7. 비위를 늘 따뜻하게

8. 울음 끝에 젖 먹이지 말며

9. 경운주사 든 약 함부로 쓰지 말며

10. 자주 목욕시키지 말라.

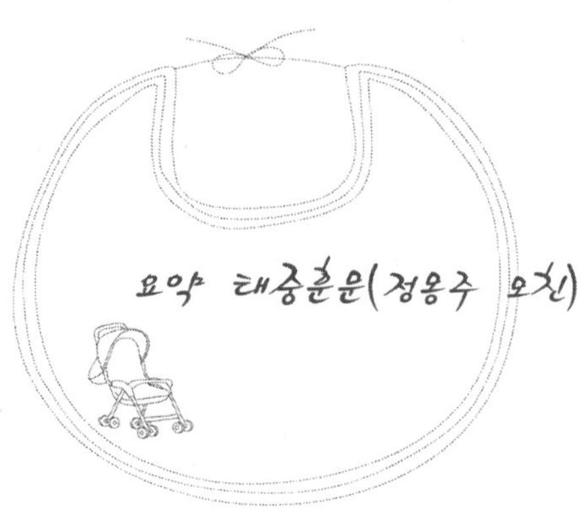

- 꽃모종의 천리(天理)

  1. 아무리 좋은 씨도 잘 가꾸어야 된다.

  2. 들의 돌감나무도 잘라 내고 공 들이면 결실한다.

  3. 동물, 식물의 접종은 두 가지 성품 나온다.

- 태교의 중요성 발견

  1. 정(情)과 지(志)를 갖고 해야 한다.

  2. 질(質)의 변화는 가능하다.

  3. 인간의 뿌리는 성품(性品)이다.

  4. 충효가 전해진 집에 효자난다.

  5. 유전도 있고 환경도 있다.

  6. 인간의 바탕은 태(胎) 안팎의 영향이다.

- 태중교육의 필요성

결혼은 적령기에 해야 태아에게도 훌륭한 교육을 할 수 있다(20~25세).

· 태중훈문(胎中訓文)

마음가짐을 바르게, 선현의 행적 더듬고, 무슨 일을 해야겠다는 결심, 예를 잃지 말고, 몸은 발, 성질은 비료, 씨 뿌려지면 잘 가꾸는 지혜를 가져라.

· 태중명심기(胎中銘心記)

1. 시비를 일으키지 말라.

2. 남의 물건 탐내거나 도절 말라.

3. 제 것만 중히 하지 말고 남을 도울 줄 알아야 한다.

4. 음탕한 소리에 귀 기울이지 말라.

5. 올바른 몸단장, 바른 마음씨로 잡스러운 음식, 부정한 음식은 삼가라. 정의와 인도(人道)가 아니면 행치 말 것이며 자애심과 지혜로 대처하라.

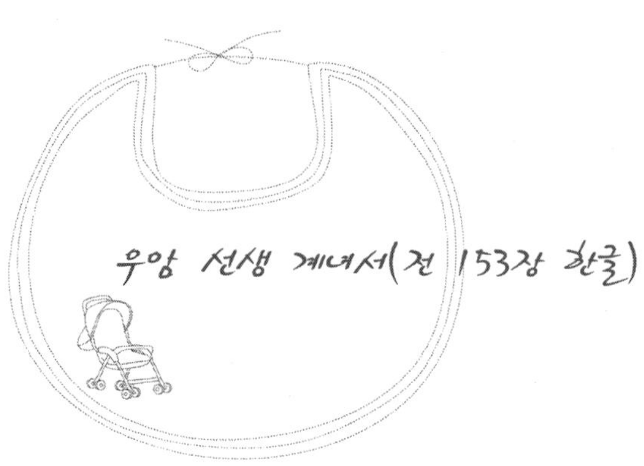

장비괄예:

- 부모님 섬기는 도리: 아비 낳으시고 어미 기르시니 부모 아니면 몸이 어디서 나오며 낳고 키우신 은혜를 생각하면 잊을 수 없다.
- 지아비 섬기는 도리: 여자의 백년 행복이 오직 지아비에게 달렸으니 지아비 섬기는 도리는 뜻을 어기지 말고 하라.
- 시부모 섬기는 도리: 세상 부인이 지아비 부모를 제 부모보다 더 중히 여겨 먹을 것, 입을 것을 제 몸보다 더 할지라.
- 형제 화목하는 도리: 형제는 한 부모의 계혈로 한 가지 젖 먹고 한집에서 자란지라. 같이 근심하고 기쁜 일도 같이 나눌 수 있어야 한다.
- 친척 화목하는 도리: 친은 동승걸이요, 척은 이승걸이라 촌수의 원근은 있으나 다 같은 조상의 자손이라 박대할 수 없다.
- 자식 가르치는 도리: 자식은 글을 배우기 전엔 어미에 달렸으니 어렸을 때부터 속이지 말고 하루 세 번씩 권하며 읽히고 가르치라.
- 제사 받드는 도리: 제사는 정성으로 정결하며 조심함이 으뜸이다. 제수 장만할 제 걱정 말며 웃지 말며 엄숙히 하라.

−손님 대접하는 도리: 내 집에 온 손님은 음식을 잘해 접대해야 한
다. 박대하면 다른 손도 안 오니, 나가서 주인 대접 못 받는다.

−투기하지 말라는 도리: 투기란 거센 부인의 악행이며 부부는 서
로 미워하게 된다. 분한 마음 달래며 안정시키고 사랑하는 마음
흐트러지지 않게 하라.

−말씀을 조심하는 도리: 눈멀어 삼 년, 귀먹어 삼 년, 말 못해 삼
년이다. 입을 삼가는 것이 으뜸이라.

−재물을 절약해서 쓰는 도리: 재물은 한이 없고 쓰기도 무궁한지
라. 아끼지 아니하면 나라도 망하거늘.

−일 부지런히 하는 도리: 천자 황후도 부지런하단 말씀 공자께서
이르시니 부지런하지 못하면 자손 어찌 키울 것이며.

−병환을 모시는 도리: 시부모 병환 계시면 내 부모 모시듯 하며
머리 빗지 말고 소리 내어 웃지 말고 게으르게 걷지 말며.

−의복, 음식하는 도리: 부인의 할 일이 의식밖에 없으니 의식이
용렬하면 지아비를 남이 업신여기니 잘 가꿀지라.

−노비 부리는 도리: 자식이 부모 섬기는 데 일 도와줄 사람 노비
밖에 없으니 조그만 일에도 꾸짖거나 하지 말며.

−주고받는 도리: 아무리 부하여도 꿀 수는 있는 것, 생기거든 다
시 꾸는 일 생각하여 즉시 갚고.

−팔고 사는 도리: 세상인심이 살 제는 재서 주고 팔 제는 많이 받
고자 하는 것, 사거나 팔거나 제대로 알아보고.

−비수 원하는 도리: 질병을 남의 말 듣고 빌거나 우기지 말라, 무
녀와 장구치고 굿하는 일은 상집이 되니.

−중요한 경애의 도리: 사람의 빈부, 귀천이 다 하늘과 삶의 정분

에 달렸으니 부러울 땐 나만 못한 사람을 돌아보고.

－옛사람 착한 행실: 왕상과 맹종은 부모 병환에 겨울 죽순과 잉어
를 구하니 원술이 그 효심을 칭찬하고 더 주어 보내니라.

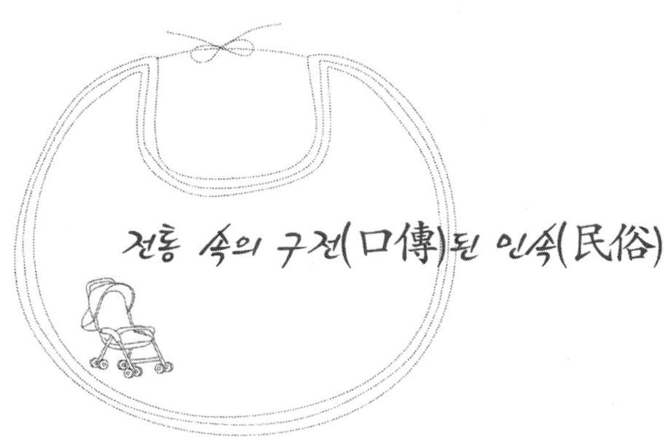

전통 속의 구전(口傳)된 민속(民俗)

· 우리의 전통적 득남, 출산, 육아의 풍습은 다양했다.

1. 아들을 꼭 낳기 위해서 불공을 드리는 일.

2. 훌륭한 태기를 원하는 사람은 태몽이나 태점을 보는 일.

3. 무사하고 안산(安産)을 위해서 삼신께 빌기 등이 있었고 출산
   을 하면 병 예방, 젖 잘 나오게 하며 장수를 위한 작명과 3·7
   일을 지키기도 했다.

· 잉태를 위한 풍습

1. 빌거나 불공 드리기, 산신께 치성 드리기, 높은 산의 산제 드
   리기, 깊은 산속의 기도, 칠성당에 비는 일, 굿하는 것, 용왕님
   께 빌기, 약 먹기, 특수한 바위에 빌기, 특수한 나무에 빌기,
   돌부처의 코 갈아 먹기 등이 있었다. 그러나 현대는 일부만 해
   당-대부분 과학·의학으로 해결.

2. 태몽과 태점의 허와 실: 프로이트는 꿈은 무의식, 잠재의식의
   발로라 했듯이 태몽은 있었다. 옛날엔 태몽을 꾼 사람이 많았
   다. 단지 꿈을 꾸려는 사람의 의지나 의식과 관계된다. 시대가

발달함에 따라 의식수준, 환경의 변화, 과학의 발달로 퇴화하
고 있다.

3. 점쟁이가 만든 주문을 외우거나 점을 치는 일, 흉일은 피하고
길일을 잡아와 방사를 시킨다.

· 할머니 삼신의 뜻과 혼용

三神－天, 地, 人의 神. 다른 의미로는 다스리는 신이라 하여 '시조인
환인, 환웅, 단군의 삼신'

山神－산에 있는 신으로 '서낭당, 선왕당, 선황당'에 기도

産神－발음상 삼신이며 여신(아기를 갖게, 잘 자라게, 잘 낳게 하는
신). 그러나 이들이 복합 혼용되기도 했다.

· 열 달 동안의 태중 교육

잘못되어 닭고기를 먹으면 닭살 아기, 오리고기를 먹으면 발 붙은
아기를 낳는다 하나 그것은 와전된 말이고 '시누이를 미워하면 닮은
아기 낳는다'가 정확한 말이다.

· 출산과 육아(산모)

1. 젖을 잘 나오게, 아기의 이목구비가 정상인가 검사, 울음소리
로 성품 판별, 고개 가누기, 냄새, 듣고, 보기, 눈 맞추기, 어르
기로 건강, 영특함 판별 노력.

2. 산모는 출산 때 이완된 골격을 보양, 청결, 안정으로 건강 되
찾고 경맥(經脈) 제자리로, 어머니가 됨, 삶의 기준 변경, 훌륭
하게 키울 방도 일깨워야.

· 고유의 3 · 7일, 100일, 돌의 유래

1. 3 · 7일은 태아에 접근하는 각종 병의 예방을 위해 정한 최소
   한의 기간. 7×3=21일

2. 100일은 무사, 장수를 비는 의미로 떡을 만들어 100군데 나눠
   먹는 축제일

3. 돌은 무사, 장성의 1주년(365일) 기념일, 돌상, 돌떡으로 복을
   비는 잔칫날

· 식별법

1. 첫 아기 식별법(남아 · 여아)

   1) 배가 툭 부르면 '딸', 펑펑하면 '아들'이라 했다.

   2) 출산의 시간: 밤에 낳으면 좋고 낮에 낳으면 전생의 짐승이
      었다고 했다.

2. 동생 식별법(남아 · 여아)

   1) 임부를 뒤에서 불러 왼쪽으로 돌면 남아, 오른쪽으로 돌면
      여아라고 했다. 근거는 태아가 남아면 왼쪽으로 처지기 때문
      이고 여아면 오른쪽으로 처지기 때문이다.

   2) 아기를 불러 엄마 앞으로 와 마주보고 앉으면 남동생을 보고
      엄마 앞으로 엉덩이를 대고 돌아앉으면 여동생을 본다고 한다.

임동근 ───

경희대학교 법정대학 졸업
재일 東和신문사 본사 부사장 역임
전인교육협의회 이사
한국실업교육회 지도교수
미국 퍼시픽웨스턴 대학교 철학박사 학위 취득
MRA 청년지도자
현대태교아카데미 원장

〈활동경력〉
1981년
· 현대 태교 아카데미 설립
· 『엄마랑 아빠랑』 서적, 태교음악, 카세트테이프 제작
· 현대 태교 아카데미 지사 설립
1983년
· 새 세대 육영회 청와대 진언
· MBC TV 출연 「안녕하세요 '변웅전'입니다」 — 자녀교육(태교로부터)
1984년
· MBC TV 출연 「차인태 살롱」 — 여성과 태교(풀잎이 움직이는 소리)
· 무학여고, 영등포여고, 창덕여고 졸업반 전원 태교 특강
1985년
· 『KBS 여성백과』 기고 1, 2, 3월호
· 새 세대 육영회 중고교사
· 이화여자대학교 건강교육과 특강
· 금융연수원(여행원) 4회
· KBS 1TV — 정갈한 음식과 별난 음식(사미)
1986년
· 로타리멤버 강연
· MBC TV 「태교」 — 태교는 미혼여성의 지식
· 『KBS 여성백과』 기고 3, 4, 5월호
· 한국공항 여직원 2회
· KBS TV 신간안내에 태(胎) 소개
· KBS 라디오 하이웨이
· 경성, 중앙, 한양 금란, 경희, 홍익여고, 신경여상 졸업반 전원
· MBC 라디오 「'임국희' 여성살롱」 — 금기식품과 권장식품(중요성)
1987년
· KBS 라디오 서울 출연 3회 — 태교, 어떤 것인가(실천요령)
· 조폐공사 여행원(경산, 부여, 대전)
1988년
· MBC 라디오 「이종환의 여성시대」 — 태교 전통과 과학

·대구(매일신문) 광고 「태훈(胎訓)」
1989년
·KBS 라디오 「황인용, 강부자」 시간 - 태교 실천과 결과
·예지원 규수반
·『민족문화』 신보 취재(제3호)
·문화재 보호협회(신부반)
·홍익, 진명여고, 관악, 동구여상 등 졸업반 전원
1990년
·예지원(규수반)
·혜화, 무학, 영등포 여고
·KBS 라디오 방송 3회(이호재) - 함께 알아봅시다
·문화재 보호협회(신부반)
·교정신문
·예지원 창립 16주년 기념집 기고
·한국의 집(신부반)
·예지원(규수반)
1991년
·KBS 2 라디오 출연 - 태교는 남편이 더해야
·KBS 3TV(부모시간) - 태교는 언제부터
·KBS 1 라디오 방송 - 요즘 엄마들의 태교
·KBS 1TV 가정저널 초대석 이계진 시간 - 2세 교육 태교로부터
·KBS 라디오 여수 - 전화인터뷰(임신 중, 열 가지 방법)
·KBS 1TV 「신혼은 아름다워」 제주 출연(이수만과 함께)
·삼성전관(주) 수원
1992년
·예지원(규수반)
·박사학위 및 출판기념회
·KBS 2 라디오(아침건강) - 기형아 예방
·KBS 2TV 「무엇이든 물어보세요」(임성훈) - 최초의 교육 태교
1993년
·MBC TV 「아침의 창」
·KBS 교육방송 출연(부모의 시간) - 태교 실천방법
·KBS 1TV 「아침마당」(이상벽, 정은아) - 열 달 배 속 교육
·SBS 「남편은 요리사」 출연 - 꽃게장
·KBS 라디오 인터뷰(국제방송) - 전통태교 고증
·MBC 임신육아교실 - 춘천, 여수, 청주, 충주, 포항, 제주, 울산, 마산, 전주, 안동, 원주, 진주
·삼성전자 수원
1994년
·MBC 임신육아교실 - 부산, 제주, 강릉, 청주, 대전(앙코르), 순천, 춘천, 안동, 삼척, 포항, 제주
·EBS 녹화(부모시간) - 출산문화
·예지원 규수시간

· 천도교 교학원
· 롯데쇼핑 여사원 10회
1995년
· 예지원 규수반
· MBC 임신육아교실−마산, 전주, 대구, 광주, 안동, 울산, 여수, 진주
· CATV G−TV 녹화−초보엄마(신세대 육아법)
· KBS 연속극 「딸부잣집」에−태교책
· 삼성전자 4회
· MBC 아침연속극 「행복」에−태교책
· CATV D−TV−임신부(식습관 태교)
· KBS 3TV 부모시간−임신부가 조심해야 할 것
· 전례원 지도자반
1996년
· 태교대백과 태교음악 CD 발행
· 전례원(지도자반)
· MBC 임신육아교실−충주, 전주, 마산, 포항, 청주, 여수, 대전, 울산, 광주
· KBS 라디오 AM 4회−민족의 소리(우리 문화태교)
· EBS 부모시간−태교란 무엇인가
· 예지원 규수반
1997년
· SBS 「그것이 알고 싶다」 자문−소리 없는 교육 태교
· MBC 임신육아교실−전주, 진주, 포항
· 예지원(규수반)
· CH17(대교방송)−육아는 임신 중 일과 연결
· 전례원(지도자반)
· EBS 어머니 시간−임부가 지켜야 할 사항
1998년
· 대전 TBJ TV에 출연−임신부 소식
· 안양 태교문화원(강사반)−1개월 과정
· 안양 태교문화권(지도자 양성과정)
· KBS 2TV 노고하−미스테리 추적(태교)
· 전례연구원(지도자반)
· 예지원(규수반)
· 전례원(중, 고 교사)
· MBC 「시사매거진 2580」
1999년
· 전례원 제주, 대구, 광주, 본원
· KBS−태교 다큐제작(인터뷰)
· 지도자 강의(교육장, 교장)−24시간
2000년
· 성균관(예절학교)−교원연수 5회

· 전례원(지도자 강의)-본원, 전주
· 평촌 삼법학회(지도자)-16시간
· MBC 임신육아교실-대전, 춘천, 여수, 대구, 제주, 광주
2001년
· 수원(지역사회) 교사-4시간
· 전례원 지도자-대구, 제주
· MBC 임신육아교실-충주, 원주, 청주
· 원광대 대학원 초빙교수
2002년
· Kinder 지도자-4시간
· MBC 임신육아교실-강릉, 전주, 대전, 원주
· Cable TV 육아
· 원광대학교 대학원 초빙교수
· 경기도 교육청(북부) 교장 350명
· 경기도 교육청(수원) 교장 600명
· 광명서 초등학교(학부모)
2003년
· 대구 전례원(지도자)
· 서울여성 플라자(임신부)
· MBC 임신육아교실
· 대학원, 지도자, 평생교육원
2004년
· 평생교육원(덕성여대)
2005년
· MBC 임신육아교실

태교시리즈 2

함께읽는
신혼태교

초 판 인 쇄 | 2012년 11월 30일
초 판 발 행 | 2012년 11월 30일

지 은 이 | 임동근
펴 낸 이 | 채종준
펴 낸 곳 | 한국학술정보㈜
주　　　소 | 경기도 파주시 문발동 파주출판문화정보산업단지 513-5
전　　　화 | 031) 908-3181(대표)
팩　　　스 | 031) 908-3189
홈 페 이 지 | http://ebook.kstudy.com
E - m a i l | 출판사업부　publish@kstudy.com
등　　　록 | 제일산-115호(2000. 6. 19)

ISBN　　978-89-268-3885-3 04590 (Paper Book)
　　　　978-89-268-3886-0 05590 (e-Book)
　　　　978-89-268-3881-5 04590 (Paper Book Set)
　　　　978-89-268-3882-2 05590 (e-Book Set)

이담Books 는 한국학술정보(주)의 지식실용서 브랜드입니다.